zukan
index

01　LOS ANGELES【ロサンゼルス】 2

FASHION 30
02　T-SHIRT【Tシャツ】31
03　SKIRT【スカート】32
04　HEELS【ヒール】33
05　DENIM【デニム】34
06　PINK【ピンク】35
07　EARRINGS【ピアス】36
08　GLASSES【メガネ】37
09　BLACK【黒】38
10　WATCH【腕時計】44
11　MINI-BAG【ミニバッグ】45
12　SWIMWEAR【水着】46
13　HOODIE【フーディ】48
14　PAJAMAS【パジャマ】49
15　ONE-PIECE【ワンピース】50
16　COAT【コート】51
17　MY CLOTHES【私服】52
18　PATTERN【柄】56
19　DRESS【ドレス】58
20　JEWELRY【ジュエリー】60

BEAUTY 62
21　SKIN CARE【スキンケア】65
22　MAKE UP【メイクアップ】66
23　EYE【目】70
24　NOSE【鼻】70
25　FOREHEAD【おでこ】71
26　LIP【唇】71
27　HAIR STYLE【髪型】72
28　NAIL【ネイル】74
29　BATH GOODS【お風呂グッズ】75
30　TRAINING【トレーニング】76
31　MASSAGE【マッサージ】78
32　SLEEP【睡眠】79
33　COMPLEX【コンプレックス】80

PLACE 82
34　SEA【海】83
35　PARIS【パリ】84
36　HAWAII【ハワイ】85
37　UNIVERSITY【大学】86
38　OSAKA【大阪】88
39　HOMETOWN【地元】89

FAVORITE 90
40　FLOWER【お花】91
41　TABLEWARE【食器】92
42　COOKING【料理】93
43　PIANO【ピアノ】94
44　GOLF【ゴルフ】94
45　DRIVING【運転】95
46　MOVIE【映画】96
47　MUSIC【音楽】96
48　DRAMA【ドラマ】96
49　BOOK【本】96
50　GAME【ゲーム】97
51　SOCCER【サッカー】98
52　DISNEY【ディズニー】99
53　TRAVEL【旅行】100
54　PATRA【ぱとら】101
55　COMIC BOOK【漫画】104
56　YAKINIKU【焼肉】106
57　TEA【お茶】106
58　WAGASHI【和菓子】106
59　RAMEN【ラーメン】106
60　SPICY【辛いもの】107
61　SUSHI【お鮨】107
62　PHAKCHI【パクチー】107
63　WASHOKU【和食】107

WORK 108
64　SEVENTEEN【セブンティーン】110
65　non-no【ノンノ】120
66　BAILA【バイラ】130
67　ACTRESS【女優】136
68　NEWSCASTER【キャスター】138
69　CO-STAR【共演者】140

INTERVIEW 144
70　BEST FRIEND【親友】145
71-99　Q&A【29の質問】150
100　INTERVIEW【インタビュー】152

01
LOS ANGELES
【ロサンゼルス】

いろんな顔がある街。
きらびやかで派手な街並みに、雄大な自然。切り取る場所によってまったく違う魅力がある。
そのバランスがとてもよくて、初めて訪れたL.A.はどこへ行っても過ごしやすく
私を楽しませてくれる場所だった。青空と乾いた空気の中でせかされず、
のんびりとゆったりとした時間。東京では味わえない日常に身をゆだねて。
陽気で包容力のあるロスの空気は自分を解放してくれました。
実はアメリカはハワイ以外にはほとんど行ったことがなくって。
未知なる場所であり、行ってみたい場所での撮影はすごく新鮮だった。
今回訪れきれなかったL.A.の別の顔もまた見てみたいな。

13 | LOS ANGELES

FASHION

どんだけ着ても飽きない、永遠に好きなもの

Mirei's Keyword
from 02 to 20

02
T-SHIRT
【Tシャツ】

Tシャツは25歳ぐらいになるまでほとんど着なかった。
素っ気なさすぎたり、貧相に見えるかなあと苦手意識があったから。
年を重ねてシンプルな服も似合うようになってきたかなと思えたころから
だんだんと手持ちも増えてきた。無地のいろんな色、ロゴTなど10枚ぐらいを
その年のサイズや形の流行に合わせてアップデートしています。

03
SKIRT
【スカート】

可愛くならないスカートがいい。
そしてそれを女っぽくはきたい。
シルエットはタイトめで
丈は長いほうがいい。
脚の露出面積が多いのが
好きじゃなくて、もしミニをはくなら
絶対にロングブーツで脚を隠す。
スカートにはこだわりが
いっぱいなんです。

04
HEELS
【ヒール】

気合を入れるときのアイテム。大学時代の友人たちと
月に一度ドレスコードを決めて、おめかしして出かけるときはヒール靴の出番。
中途半端な高さよりは極端に高いorぺたんこの二択派。
サイズは35〜35.5、足も薄いのでぴったりの靴が見つけにくいのが難点だけど。
自分で初めて買ったクリスチャン ルブタンの黒のハイヒールは今でも大切に手もとに残しています。

05
DENIM
【デニム】

その昔、映像作品でセブンティーンモデルの先輩でもあった
徳澤直子ちゃんと一緒だったとき、
彼女が毎日現場に颯爽とデニムで現れるのを見て、
なんて格好いいんだとまねしてはいていた。
定番かつシンプル。だからこそ
自信のある人が似合うと思う。
私は3％しか自信がないから、まだまだですね(笑)。
今はたぽっとゆるさのあるシルエットが気分。
いつになったら自信たっぷりに
デニムをはけるようになるのかな?

06

PINK
【ピンク】

ピンクを着るときはそわそわする。ちょっと緊張する。
小さいときは大好きだったのに、
10代後半から苦手になってしまっていた色。
だけど大人になって、また少しだけど距離を近づけられた。
濃淡や彩度など色の幅が出てきたことで、
私でも気負わず着られるものが増えてきたから。
ピンクを格好よく着こなす。これが私の理想。

左右にひとつずつ、二十歳のときに
セブンティーンの連載の中であけました。
神保町の皮膚科で麻酔をして
針であけたんだけど、作業音も聞こえるし
終始手に汗握る、忘れられない思い出。
ファーストピアスを落として
穴がふさがりそうになり、
もう一度あけにいったのもよく覚えてる。
ピアスは好きで、もしかしたらいちばんよく
つけているアクセサリーかも。
今になってもっと穴を増やしたいなとも
思ったり。右3、左2ぐらいのバランスで。

07
EARRINGS
【ピアス】

08
GLASSES
【メガネ】

視力検査のいちばん上の段が見えないぐらい目が悪い。小学2年生からずっとメガネ。
分厚いレンズのせいで目が小さく見えたり、顔がゆがんで見えるのが本当に嫌だった。
中2でコンタクトが解禁になってからはおしゃれ用のメガネをかけるのが大好きになりました。
当時は大きい黒縁をよくかけてた。今はラウンド型や、メタルフレームなどを愛用中。
メガネを買うときは出会いが大切。ふらっとひと目で恋に落ちたら買い時です。

09 / BLACK 【黒】

落ち着くんです、何よりも。
私のワードローブは8割がた、この色で構成されています。
フェミニンな黒、格好いい黒、カジュアルな黒と、テイストを選ばない幅の広さも好きだし
大人に見せてくれるところも大好き。私って「可愛い」が少し苦手だから、
自分の心地よいところ、安心できるところに持ってきてくれる黒を味方だと思ってる。
こだわらなくても決まる黒だけど、男っぽくはなりたくない。
大人の女性として、黒はいつだって女らしく着こなしていたい。

10
WATCH
【腕時計】

これぞ大人のアイテムって感じ！ そんな腕時計を2018年についに購入しました。
選んだのはカルティエのタンク アメリカンのミニサイズ。
「大人だから一本は持っておかないと」というきっかけだったけど
探し始めるとどんどん好きになって欲しくなっていったし、
腕にバングルやブレスレットじゃなく時計をするおしゃれって素敵だなと思った。
ふと目に入ると、うれしい気分になります。

11
MINI-BAG
【ミニバッグ】

私のバッグはいつも小さいです。
小さな財布、柔らかいティッシュ、
携帯、鍵、ときどきリップ。
これがいつものバッグの中身。
大学生のときは朝の支度を
する時間がなかったから、
大きなヘアアイロンをバッグに入れて
持っていってたけれど(笑)。
ミニバッグは手持ちのなかでいちばん多いアイテム。
色とりどり、各種取りそろえています。

12
SWIMWEAR
【水着】

白×黒のストライプ柄のビキニ、黒のチェック柄ワンピース、黒ベースのワンピース。
この3枚がプライベートで着ることの多い水着たち。
といっても、2年前ぐらいにやっと買ったものばっかりなんです。
海外旅行へ行く時間があまりなくて、ましてやビーチリゾートとは縁遠かったので。
今っていろんな形や色柄の水着が増えて、見ているだけでも楽しい。
旅先の海辺で海外のマダムや素敵な女性の水着の着こなしを見ているのも好き。
ちょっと前に約20年ぶりに海に入ったけれど、思っていた以上にしょっぱかったな〜！
今後はもっとたくさんビーチリゾートを訪れたいから水着も増えるかも？

ここ1〜2年で急激に増えたフーディ。
なんといってもゆるっとしたシルエットやたたずまいで楽なところが好き。
スカートやレギンスと合わせたりして楽しんでいます。
サイズをあんまり気にしなくていいからメンズブランドのものを着る機会もあります。
それこそ夫と共有して、自分の好み以外を着ることで新鮮な気分になったり。

13 / HOODIE
【フーディ】

/PAJAMAS

14
【パジャマ】

柔らかいコットン、シルクなど着心地重視でパジャマは選ぶ。
その着心地のよさゆえに、休みの日は一日中パジャマでいることも。
例外的に夏だけはTシャツとハーフパンツになります。
キャラクターのトップスに、別のキャラクターのボトムを合わせたり
普段の生活の中でいちばん派手ないでたちになっているのが夏の夜です。

15
ONE-PIECE
【ワンピース】

なんだかんだ多いワンピース。
考えなくていいところが魅力です。
普段、朝起きるのは仕事の15〜20分前。
コンタクトを装着し、歯磨きして、
化粧水をつけて、髪をとかして
前日に着ると決めた服に着替えて、
愛犬の支度をして家を出る。
こんな毎日の私にはなくてはならないアイテムです。

コート欲低めなんです。
ファッション好きの人ってコート好きが
多いけれど、私はあんまり持っていなくって、
何を買えばいいか迷ってしまう。
カーキ、ベージュ、黒、チェック柄は
持っているけれど
これ以上何を自分のワードローブに
買い足すといいのかなあ？
トレンチや薄手など、
春のコートのほうが得意かな。
ピンとくる一枚に早く出会えますように。

16
COAT
【コート】

17
MY CLOTHES
【私服】

ひとくせある服、辛め、黒。
このあたりが私の私服を表すにふさわしいキーワードかな。
昔から撮影では可愛い服を着る機会が多かったけど、プライベートは真逆で。
今回の私服撮影のためにクロゼットの中をあらためて見返して
「色がくすんでるな〜」と実感しました(笑)。
まんべんなくいろいろ着たいので、偏ることはなく着る機会は均等かな。
今はパンツ熱がジワジワと上がってきています。

COAT & PANTS : JOHN LAWRENCE SULLIVAN
SWEAT : WIND AND SEA
BAG : HERMÈS

ONE-PIECE : Mame Kurogouchi
BAG : CAFUNÉ
SHOES : rag&bone

DENIM JACKET : **TOMWOOD**
T-SHIRT : **AURALEE**
SKIRT : **EZUMi**
BAG : **J&M DAVIDSON**
SHOES : **Church's**

COAT : rag&bone
T-SHIRT : sacai
SKIRT : TAN
BAG : Jil Sander

COAT : **AURALEE**
KNIT : **ELIN**
PANTS : **Lautashi**
BAG : **Off-White**
SHOES : **Ameri VINTAGE**

T-SHIRT : **AURALEE**
SKIRT : **sacai**
BAG : **Jil Sander**

18 / PATTERN
【柄】

非日常感が楽しい。
着ると柄の世界に引き込まれて、
別人になったような感覚も。
仕事で着る機会が多くて、現場でも
似合うねと褒められたり、
着ているといいことがある。
私服だとチェック柄、
黒ベースの小花柄が多いです。

19
DRESS
【ドレス】

とにかく気分が上がる！
ドレスって着ていく場所も結婚式やパーティなど
楽しくてにぎやかなところだから自然と明るい気持ちにしてくれる。
キラッとした小物を合わせたりすることが多いです。
きれいな色は苦手だけど、赤いドレスを買おうかと悩み中。
せっかくのドレスアップだから、苦手にトライしてみるのもいいかなと思って。

20
JEWELRY
【ジュエリー】

夫からもらった、初めてのプレゼントがこの指輪。
結婚指輪と一緒に今もときどき、身につける、大切なもの。

私の誕生日に彼がプレゼントしてくれて、そして彼の誕生日に同じものを私から贈って。
当時はまさか結婚するなんて思ってもいなかったし、特に深い意味があったわけでは
ないけれど今となってはすごくいい思い出になった。

いちばんうれしいプレゼントだった。

BEAUTY

自分に自信を持たせてくれるもの

Mirei's Keyword from 21 to 33

21 / SKIN CARE
【スキンケア】

スキンケアは不動のスタメンがいます。
アクセーヌの化粧水、セルヴォークのオイルとクリーム、
ドゥ・ラ・メールのクリーム、ラ ロッシュ ポゼと&beの日焼け止め。
このアイテムたちで私のスキンケアはほぼできている。
特に好きなのは化粧水。バシャバシャとたっぷりつけるのが好き！
内側の乾燥が満たされていく感じと、さらっとした使用感がたまらない。
毎日朝夕5分ほどのスキンケアと3日に1回の美顔器、
週1のパックがルーティン。

22
MAKE UP
【メイクアップ】

「きれいなお姉さんになりたい」
幼稚園児だったとき、七夕の短冊に書いたのがこれ。
それぐらいきれいなお姉さんに憧れがあった。
小さいときから母にマニキュアを塗ってもらったり、
七五三でメイクをしてもらったときもうれしかったな。
メイクは違う自分になれる楽しさ、
そして憧れに少しでも近づけるような気がして
大好きなんです。

ドラマ「好きな人がいること」以来のオン眉かな? あの前髪、実は私のアイデアなんです(笑)。
前髪が短いと眉や目もとってすごくポイントになってくる。
普段は仕事でもプライベートでもここまで目もとを強くすることはないから新鮮。
きりっとした太眉が男の子っぽくて、可愛いけどどこか中性的で意思のある女性像って感じがする。

赤リップは私の中でいつもチャレンジ。
派手色の服と同じでプライベートではほぼつけない。
色の強さは魅力的でもあるんだけど、ちょっと躊躇しちゃう。
でもいつか自分に似合う一本が見つかるといいなと思っています。
できれば真っ赤よりも、少しだけ深みのある赤がいいかな。

ピンクのメイク、好きなんです。
私服は黒が多いから、ピンクを使ったメイクだとバランスがよくって。
アイシャドウやアイライナーで取り入れることが多いかな。
メイクだとファッションで得意じゃない色が意外とハマったり、発見があるから面白い。

23 【目】 / EYE

けっこう不安定。特に左目が。
疲れると二重幅が変わるので、「疲れが全部左目にくる病」って呼んでる(笑)。
目は完全に母親似です。私自身はタレ目が好きで、
森絵梨佳ちゃんの目がいいなと思っています。

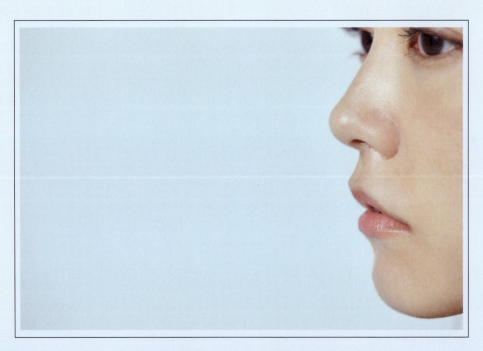

24 【鼻】 / NOSE

もっと高ければよかったのに〜!と思うことも多々。
父も母も鼻がしっかり高くて、小さいときは「鼻高くなれ〜」と冗談半分で
両親に鼻を引っぱられてたこともありました(笑)。
あのときの効果はあったのかな……?

FOREHEAD

25
【おでこ】

いちばん嫌いなパーツだった。おでこNGなぐらい。
年齢とともに仕事で出す機会が増えてきて3年前ぐらいから
だんだんと平気になってきた。好きとは言えないけど、
誰にも見せたくないからは脱却しました。

LIP

26
【唇】

赤ちゃんのときは「ピヨピヨちゃん」と呼ばれてた(笑)。昔から変わらないパーツです。
セブンティーンモデルになって口もとを褒められたり、自分はここが特徴なんだ!と思った。
いつも口角が上がっているようなハッピーな口がよかったなと思うけど、
みんなのおかげでちょっと自信が持てたパーツです。

27
HAIR STYLE
【髪型】

大人っぽくなりたい。前髪も伸ばしたい。雰囲気も変えたい。
そう思って今の髪型に。といってもベースはこれぐらいの長さを保ちつつ、
毎回美容師さんと相談して少しずつマイナーチェンジをしています。
私の髪の特徴は、太くて量も多くて、伸びるのが早い。
顔まわりの毛がうねりがちなので、今でも顔まわりの毛はストレートアイロンでのばしてる。

最近はあんまり巻かなくなった。
それよりも自分のくせっ毛を生かして
無造作なスタイルにするのが好きになった！

ハーフアップやひとつ結びにすることが多い。
編み込みは自分ではできないなあ〜。
普段は結んでる日のほうが多め。

28
NAIL
【ネイル】

どれだけ伸ばしても割れなくて、頑丈な爪。
高校生ぐらいのときはネイルアートにハマって
自分でいろんなデザインをしていた。
今は茶色やカーキあたりの色を単色塗りするのが気分。
仕事柄、ジェルネイルはあんまりできないけど、長期休みや結婚式のときはやったり。
お気に入りのネイルだと見るたびに「可愛いな〜♡」って気分が上がる!

29
BATH GOODS
【お風呂グッズ】

お風呂はそんなに好きじゃなくて、普段はシャワー派。
だから平均的なお風呂の時間は10〜15分とか。
体が疲れてたりスッキリしたいなと思うときは1時間ぐらい長風呂することも。
入浴剤は好きで、柑橘系の香りがお気に入りのジョー マローンのバスオイルや
コストコで大量買いする高濃度炭酸のバブで心身ともにリフレッシュしています。
アウトバスはシャワーだけのときでも、ぬれた肌にビュリーのバスオイルを塗布し保湿を。
バラの香りがあんまり好きじゃないのに、このオイルの香りだけはなんだか好きなんです。

30
TRAINING
【トレーニング】

始めて約2年ぐらいになるかな。
その前にもパーソナルトレーニングを受けていたことがあるんだけど
仕事が忙しくて、途中で挫折しちゃって。
今は時間にも余裕ができたし、30代に向けてきれいな体づくりをしたいと思い再開。
週1回、1時間を続けているんだけれど、お尻が全然違う！　あと腹筋もついた！
今後も続けて腕と脚の筋肉量を増やしていきたいです。

31
MASSAGE
【マッサージ】

顔のマッサージも好きだけど、足ツボがけっこう好き！
これでもかってぐらい痛くしてほしい（笑）。
小学生ぐらいから興味があって本を読んだり、
マッサージ師さんにもいろいろと教えてもらったりしたので人にもできます。
ちょっと痛いかもですが、どうですか？（笑）
むくみやすくて凝りやすいので毎日セルフマッサージは欠かしません。
肩首腰が硬すぎる!!!と感じたときは行きつけのお店へダッシュです。

32
SLEEP
【睡眠】

普段だと6時間ぐらい。何もないなら12時間ぐらい。
眠るの大好きです。嫌なことも寝て忘れられる派。
物音には敏感で、犬が吠えると起きちゃう。
夢はそんなに見ないけれど、穴に落ちる夢、
追いかけられる夢、殺されかける夢はときどき見ます(笑)。
どういう意味があるんだろう?
のび太くんにも負けないぐらい、
どこでも、いつでも、どれだけでも寝られる。
でもすっきりしたな〜!と思うことはあんまりないんだよね。

33
COMPLEX
【コンプレックス】

細いこと。
すっごい食べてるのにな〜!(笑)　細さを褒められることもあるけれど、
痩せすぎとか、気持ち悪いと言われることもあって……。
どうしようもなくて、少し落ち込んだときもありました。
しっかり毎日、なんなら人よりも食べているし、
トレーニングもして筋肉量を増やしたり私なりにやれることをやってはいるんです。
少しずつだけど、体が変わってきた実感があるので、
これからもできることを続けていきたい。

あとは肌の調子が不安定なこと。
すっごく悩んだ。ストレスやホルモンバランスの乱れなどが私は肌に出やすくて。
食生活の改善や水分補給などを意識して向き合っています。

コンプレックスって完全に克服したり、直るものではなかなかないのかなって思う。
ただコンプレックスについて深く悩みすぎない。
そればっかりにとらわれないほうがいいなって思う。

できること、やれることをして少しずついい方向へ向かえるといいな。

PLACE

特別な思いのある場所たち

Mirei's Keyword
from **34** to **39**

34
SEA
【海】

山よりも断然、海が好き！
特に夏が近づいてくると海を見たいっていう気持ちが大きくなって
目的もなく、海に行くこともあります。
海によく行くようになったのは大人になってから。
友人と何もせずにぼーっとしたり、夕陽を眺めたり、夜の海で波の音を聞いたり。
癒される場所です。

（右）好物のクレープを食べているところだと思う（笑）　（左上）コレクションを見にパリを訪れたときのもの。街中が華やかで、その場にいるだけで気持ちが満たされた！　（左下）ヘア＆メイクさんとパレ・ロワイヤルにて撮り合いっこした写真

35
PARIS
【パリ】

初めて訪れたのは18歳のとき。セブンティーンのファッション撮影で。
ひと目で大好きになって、今までにいちばん多く訪れている海外の地です。
何度行っても飽きないのは、その時々で行きたいところ、やりたいこと、見え方が違ってくるから。
母と二人で訪れたときは、晴れた日にモンマルトルでたわいもない話をしながら
太陽を浴びてのんびりと過ごしたのが気持ちよかったな。
あと、ごはん！　私パンが大好きで、パリって街中のなんてことないパン屋さんでも
何を食べてもおいしいから最高。甘いものは普段好まないけど、パンだけは
甘いパンが好き。中にチョコレートが入っていたりするやつとかね。
エシレバターと砂糖だけのクレープもパリに来るとよく食べる。
また暮らすように過ごすパリ滞在をしたい。

36
HAWAII
【ハワイ】

まず気候が最高！ 世界でいちばんいい気候。海に囲まれて、都会すぎないほどよいローカル感も好き。
この間はツアーに申し込んでイルカと一緒に泳ぎました。何十頭もいて、すっごく可愛かったな〜！
東京にいるときよりアクティブに動き回っているかも。

結婚式を挙げたのもハワイなんです。
二人ともハワイが好きだったのと、私がガーデンウエディングをしたかったから、この場所に。
一度下見をメインにしたハワイ旅へ行ったのが二人での初めて。
サンセットの見える素敵な会場も見つかり、装飾もハワイらしい花や色使いを
ふんだんに盛り込んで、想像以上に素敵な式になりました。
なによりうれしかったのは来てくれたみんながすごく盛り上がってくれたこと。
おそろいのアロハシャツを着てもらって、みんなと笑顔でおさまった写真は
見返すたびに、幸せな気持ちにしてくれます。

（上右左・下右左）2017年ぐらいに大学時代の友人と二人で夏休みと称してハワイへ！ 初めての二人旅はのんびりゆっくり楽しみました。ビーチへ出かけたら急にブランコが出てきたので乗ってみた(笑)　（上中）公私ともにお世話になっているハワイのコーディネーターさんの愛犬ベルと久しぶりの再会　（下中）結婚式でハワイへ行ったときに、夫と二人でサンセットが見えるレストランでディナーをしました。すっごくきれいだったなあ〜！

37
UNIVERSITY
【大学】

7年かけて卒業した大学。

高校1年から仕事を始めて、授業も欠席することがあったし、予備校にも通っていなくて
進学はしないだろうなあと思ってた。でも将来どうなるかわからないし、
自分のためにと思って試験を受けられそうな日程の大学を探して、フェリス大学を受験しました。
ちょうどその当時は、石川県での長期撮影に入っていたので日帰りでテストを受けに行って、
合格発表も石川県でネットで見て知った。受からないって思ってたから素直にうれしかった。
大学生活は入学式から驚きの連続で、私は普通の黒のパンツスーツを着ていったんだけど、
周りを見ると鮮やかなパープルのスカートをはいた人なんかがいて、すっごく華やかだった。
キラキラした女の子たちがたくさんいて、価値観を広げてくれる毎日でした。
今でもいちばんよく遊ぶ友人たちとはオリエンテーションで出会った。
近くの席に座っていた子が「入学式いたよね?」と聞いてきて、
「そりゃいるだろ!」と内心思いつつ、話し始めて。すごく自然に一緒に行動するようになった。
私のことを知っているのか知らないのかわからない状態だったけど、質問責めにするわけでもなく
絶妙な距離感でいてくれた。すぐに泊まり込みの合宿があって、その夜に身の上話なんかして
あっという間に仲よしに。入学当時は5人で「あまちゃん」っていうグループだったんだけど
今は人数が増えて7人で「フェリスセブン」っていうグループになったんです(笑)。

途中、私は仕事が忙しくて数年間、大学を休学することに。
復学するともう友人たちは卒業していないし、自分の知名度も入学当初とは違い
大学生活を全うできるか少し不安になった。そんなときも1年のときのクラス担任だった先生が
親身に相談に乗ってくれて、よくしてくれて。そうこうするうちにごはんを一緒に食べる年下の
友人も新たにできて。もうこれは自分に対しても周りに対してもなんだけど、
意地でも卒業するっていう気持ちがあったからできたことだと思う。

かけがえのない友人たちとの出会い、恩師との出会い、特別な出会いがあった場所です。

(右)学食でごはんを食べたり、大学の近くに住んでいる友人の家に集まったり、電車に乗って近くに遊びに出かけたり、普通の大学生活を送れたことがすごく楽しくてうれしくて、いい経験になっています　(左)入学式はパンツスーツでした！　なんか表情が硬い？(笑)

(右下)大学1年生のときに、制服ディズニーがはやっていたので私たちも便乗してやりました！　(左)卒業のタイミングはみんなと一緒にならなかったけど、卒業パーティには顔を出した。今でも月に2回ぐらい集まってみんなでゆる〜く過ごしています

38
OSAKA
【大阪】

桐谷美玲になるいちばん古いきっかけは、もしかしたら大阪なのかも。
父の転勤に伴い小5の夏から中2の夏までまる3年間ここで過ごしました。
大の人見知りで不安な気持ちを抱えたまま、初登校を果たすと
「自分どっから来たん?」「名前なんていうんやっけ?」「次の授業一緒に行こや」など
たくさんのクラスメイトがすぐに声をかけてくれて仲間に入れてくれて。
ぐいぐい来てくれたおかげですぐになじむことができました。
それからはもうプリクラを撮りまくる日々(笑)。
一日で10〜20回ぐらい撮る日もあった!
そうしているうちに人見知りだった私が率先して変顔してたり、
どんどん自分の殻を破っていくことができました。
千葉に戻ったときに友人たちにはものすごくびっくりされた!(笑)
私を変えてくれた場所です。

大阪に引っ越してきて衝撃だったのは休日にやっている吉本新喜劇。千葉では見たことがなかったけど、初見ですぐに夢中になりました。あとは変顔。自分で才能あるって思ってた(笑)。後々ドラマや映画でも生かされました!(笑)

当時、大ブームで親が探し回って買ってくれた、たまごっち。まめっちに育てたいのに、いつもくちぱっちになっちゃって嫌だったな(笑)。おやじっちになった日はショックで泣いた記憶がある……(笑)。小さいときからゲームが本当に好きでした

39
HOMETOWN
【地元】

千葉の田舎が私の地元。
本当に何もないところだけど、育った場所だから、どの場所や土地よりも安心できる。
隣の家のおばちゃんも今でも帰ると声をかけてくれて、
桐谷美玲から素の私へ戻ることができる場所。
小さいときは人見知りだけど、男の子顔負けのわんぱくで、父と弟とカブトムシを捕りに行ったり、
カエルを追いかけ回したり、お土産にはトカゲを持ち帰ったりしてた(笑)。
小学生のときは近所の駄菓子屋さん兼文房具屋さんへ行くのが大好きだったな〜!
今も2カ月に1回ぐらいの頻度で地元には帰ります。
昔と変わったのは車を自分で運転して帰るようになったこと。
大人になったなあって実感します。

FAVORITE

一度好きになったら、とことん好き

Mirei's Keyword
from **40** to **63**

40
FLOWER
【お花】

くすんだ色の花が好き。そして派手な花より、小花やグリーンっぽいものが好み。
季節の花を飾るのもいいですよね。家にいても四季を感じられるから。
母が20年ぐらいフラワーアレンジメントを習っていて
毎日、必ずなにかしら花がある家で育ちました。そんな環境だったから
私もしっかりとその血を受け継いだみたいで家に花を飾ることが多いです。
そんな花が大好きで趣味にしている母には結婚式関係で何か作ってもらいたくって、
ウェルカムボードの作製をお願いしました。すっっごく可愛かったし、うれしかった！
絶対に取っておきたいと思ったからドライフラワーで作ってもらって、
使用したリースは今でも家に飾っています。お母さん、ありがとう。

41
TABLEWARE
【食器】

セブンティーン編集部から誕生日プレゼントとして
アスティエ・ド・ヴィラットの器をもらってからというもの、ずっと増え続けている。
写っている器はすべて私物です。今よく使ったり買うのは和食器。
表参道の食器屋さんや、作家さんの個展に行って買うことが多い。
器は好きすぎて器屋さんのインスタをフォローしてまめにチェックしてる。
新しい器に料理を入れるのもウキウキするし、
この器に合う料理って何かなあ〜って考えるのも好き！

【豚の生姜焼き】

【豚とセロリの甘辛炒めとカブのスープ】

【油淋鶏とコーンのかきあげ】

42
COOKING
【料理】

得意料理は
祖母、母、私と三代受け継がれている
水分多めで作るハンバーグと
大根、鶏肉、にんじん、ごぼう、
気分(里芋だったりいんげんだったり)が
入った煮物。
料理するのけっこう、好きなんです。
なんなら毎日自炊でも苦にならない。
レシピ本を見たり、クックパッドを見たり、
あとは母が作っていたのを思い出して作ったり。
料理のこだわりはちょっといい調味料を使うこと。
おしょうゆやお酒、みりんなんかを取り寄せています。
メニューを決めるときはだいたい
「何食べたい?」って聞いちゃう。
自分で考えるよりすぐにヒントがもらえるんです(笑)。

(上)わりと作ることの多い生姜焼き。ちゃちゃっと作れちゃうところがいいですよね。失敗知らずで、時間がないときでもおいしくできるからいざというときも頼りになる (中)炒め物のほうは母がよく作ってくれていた大好きなレシピ！ 夫はセロリが苦手なようなので、このメニューはもっぱら一人ごはん用なんです(笑) (下)結婚してからはお肉をメインにしたごはんを作ることが多め。揚げ物もよくするんだけど、このコーンのかきあげはちょっと失敗した(笑)。ちょっと水っぽくなっちゃって。反省を生かし、次回はおいしいかきあげを揚げたいな！

43 【ピアノ】 PIANO

幼稚園から高校まで習っていた。今でも弾きたいし、ピアノがある撮影現場だと、ついつい弾いちゃう。「乙女の祈り」と「ノクターン」が大好き。あとは♭のほうがやわらかくて好き。この間、ふと楽譜を見る機会があったんだけど、楽譜を読む力が落ちていてショックだった！(笑)また習い始めたら以前とは違う感覚で楽しめそうだからやってみたいな。目標は途中でやめてしまったリストの「愛の夢」を完成させること。

44 【ゴルフ】 GOLF

「絶対やるもんか！」と思っていたけど、今じゃ打ちっ放しにも行って、うまくなりたいと思うように。両親がゴルフ好きで、ゴルフ中心の休日が嫌だったんだけど大人になった今、一緒にコースにも出たりして。コースデビューの日はまったく当たらなかった。でもゴルフ場ってすごく気持ちのいい場所なんだって知れて、また行きたいなって思いました。ウッドでいいところに当たって、カーンと飛んでいくと気持ちいいしね！

DRIVING

45
【運転】

毎年の目標が「免許を取る」だった。
そして念願かなって26歳のときに取得、すぐに車を買いに行った。
納車して3日目、友人と一緒に鎌倉へ行った帰りに自宅駐車場のポールにぶつけて
ドア交換になったときはへこんだなあ～（笑）。
それ以降は事故やトラブルもなく、乗りこなしています。
運転は爽快感と、何も考えなくていい時間を過ごせるところが好き。
いろんなことからオフできる、デイリーでありながら特別な時間です。

47 / MUSIC
【音楽】

ライブも行って、今でもよく聴く。運転中も安室ちゃんを流していることが多い。私が好きになったのは安室ちゃん第二次ブームのときから。超〜難しいけど桐谷的ベスト3は「Get Myself Back」「GIRL TALK」「Baby Don't Cry」かな。でもまたその時々に応じて変わると思います。

46 / MOVIE
【映画】

1作目から大〜好き！ 幼少期からディズニーを観て育ち、『トイ・ストーリー』が登場したときは衝撃だった。3作目は飛行機で見て大号泣。新作が公開されたらすぐに観に行っています。B級映画にも最近ハマってる。サメ、ゾンビ、ザック・エフロンの3つは絶対に裏切らない、めちゃくちゃ笑えます。

49 / BOOK
【本】

読書する時間が増えた。休日の午後、お茶を飲みながら読書するのが至福の時。重松清さんの『その日のまえに』は初めて本で泣いた。原田マハさんの『一分間だけ』はペットを飼っている自分にはぐっとくるものが。直近だと瀬尾まいこさんの『そして、バトンは渡された』に幸せな読後感をもらいました。

48 / DRAMA
【ドラマ】

家にいるときに見てる。なかでも「ハンドレッド」がめちゃくちゃ面白い！ 未来の地球の話なんだけど、本当に未来はこうなっちゃうんじゃないか!?って思うぐらいリアリティがあって、一気見でした。私はどうやら限られたなかで生き残るサバイバル系が怖さもありつつ、ハラハラして好きみたいです。

50 / GAME
【ゲーム】

スーパーファミコンが初めてのゲーム。
サンタさんから届きました。
「ドンキーコング」やサッカーゲームを弟とやり込んでたなあ。
今もメイク中や家など、ゲームはほぼ毎日やってる。
特に好きなのはマリオカート。これはもう自分との戦い！(笑)
あとはドラクエも。自分が強くなっていくことへの喜びと
感動的なストーリーにジ〜ンとしながらプレイしてます。
世代的にポケモンも大好き！ これはもう愛情です。
ゼニガメとか水系ポケモンが好きで(笑)、
捕まえることよりも育てたい欲がすごい。
スマホでは脱出ゲームをすることが多くて、
App Storeにあるものは全部やったかも。
面白いゲームがあったら、ぜひ教えてください！

ジェフ市原時代から応援してる!
地元が千葉なので、サッカーは昔から
地域にあった身近なものっていう感覚。
小さいころからスタジアムに観戦しに行ってて
その一体感にワクワクした記憶が。
仕事を始めてからはクラブW杯の
キャスターをやらせてもらって
生で海外の試合を観ることができて、
めちゃくちゃ感動しました。
サッカーをやっていた弟と決勝戦も観に行ったの!
日本代表戦も一人でワー! キャー! と
テレビ前で応援していることが多い(笑)。
乾(貴士)選手の何かやってくれそう感、
南野(拓実)選手の華やかなプレーと決定力、
中島(翔哉)選手のキープ力、
挙げたらキリがないぐらい、いつも感動と
興奮を選手からいただいています!
ジェフの試合も観に行かなきゃ。

51
SOCCER
【サッカー】

52
DISNEY
【ディズニー】

世界観がたまらない！　完璧！
幼稚園のときからよく連れていってもらってたから、
かれこれ20年以上のファン。
家にディズニーのビデオがたくさんあって、
なかでも『101匹わんちゃん』と
『ライオン・キング』をよく見てた。
ディズニーランドの楽しみ方は、その世界に
全身全霊で入るに限る！　被り物はマスト！（笑）
この間も河北麻友子と一緒にプライベートで行って、
Tシャツも被り物もフル装備で楽しみました。
アトラクションはトイ・ストーリー・マニア！が大好き♡
でもいつも長蛇の列で実は数回しか乗れてない（笑）。
スペース・マウンテンは上を見ながら乗ると
宇宙にいるみたいでおすすめ（笑）。
大人になってからはショーのよさもわかってきて、
ワンマンズ・ドリームを見て感動した！
何度行っても楽しい、まさに夢の国！

53

TRAVEL
【旅行】

時差ボケ知らず。なぜなら離陸から着陸までずっと寝てるから(笑)。
機内のマストアイテムはマスクとアイマスク。
あっ、つい最近枕を持っていくことのよさも知りました!
旅行は非現実感といろんなことを気にしなくていいところが好き。
国内外問わず、もっといろんなところに行きたいな〜!

☑ 美玲がプライベートで旅した場所リスト

ハワイ		小2のときに友人家族と一緒に行ったのが初めて。そのときは動物園や水族館に行ったのをよく覚えてる。その後は仕事でもプライベートでも何度か訪れている大好きな場所!
シンガポール		小6で初めて行って、昨年末に約15年ぶりぐらいに訪れてびっくり! ものすごく近未来な感じに変わっていて美しかった。相変わらず湿気はすごかったけどね(笑)
マレーシア		シンガポールへの家族旅行の流れで訪れました。ひたすらプールで泳いでた! 祖母も一緒の旅だったので、祖母ともプールで一緒に泳いで楽しかったなあ
グアム		友人の結婚式のために弾丸で1泊の旅。24時間もいなかったんじゃないかな? これが初めての一人海外旅だったから、ドキドキしたのをよく覚えている
バリ		2013年ごろに友人と旅行したのと、写真集の撮影でも訪れている。インドネシアの食べ物が大好きで、ミーゴレンにハマって毎日、食べ比べてた!
韓国		東方神起好きの母と一緒に。おいしいものを食べて、買い物をして癒されようがテーマの旅。ホテルは同じ部屋に泊まって夜通しいろんな話ができたことがすごくよかった
モルディブ		何もしないをしにいく旅。朝日で目を覚まして、テラスでごはんを食べて、気が向いたら海に飛び込んでシュノーケリングしたり、本を読んだり。帰ってきたくないぐらい最高の旅でした
パリ		母と二人で行ったのが初プライベートのパリ。仕事も含めるといちばん訪れている回数が多くて、なにかとゆかりのある街。この間行ったときは歌声喫茶に行った!
ドイツ		ありさとずっと一緒にいた! 長谷部さんの試合を見たり、ケルン大聖堂に行ったり、屋台や出店に行ったり。観光よりも異国の地で生活しているありさを見て尊敬したな〜!
スペイン		バルセロナ最高! 街全体が明るく活気があって。ガウディ巡りをしたり、ピカソの作品を見たり、歴史ある芸術にたくさんふれました。スペインバルも個性がさまざまでおいしい思い出です

アートがいっぱいの
スペイン旅行は刺激的だった

自分史上最多訪問
しているパリはいつも素敵

リラックスしかしてない
夢のモルディブ旅行

100

54
PATRA
【ぱとら】

今年で8歳。ネットで見かけて、お店に会いに行ってひと目ぼれ!
目の下にアイラインが濃く入っているように見えて、店員さんと
「クレオパトラみたいだね」と話していたのが名前の由来。
しかも最初はオスだって言われていたんだけど、実はメスでそこも運命的だった(笑)。
性格はすっごくわかりやすくて、「あそんで〜!」って甘えてきて、
怒られると「ごめんね〜!」って擦り寄ってくる。
食欲旺盛なのは私と一緒。この間、廊下にわざと倒れてみたら走ってきて助けを呼びに行ってくれて。
悪いことしたなと思うけど、うれしかった! でもどうやら夫のことがいちばん好きみたい(笑)。

55
COMIC BOOK
【漫画】

『名探偵コナン』がいちばん好きな漫画♡
謎解きのワクワク、黒幕に迫っていくドキドキ、甘酸っぱさ。すべてが詰まってる。
それと灰原哀ちゃんがたまらなく好き！ ツンデレで素直じゃなくて、可愛くて可愛くて仕方がない！
アニメ版の声優の林原めぐみさんの声もすごく合ってて、いいですよね。
男性だと怪盗キッドが好きかな。キザで振り切れているところ、そしてレア感。
現実世界にはなかなかいないタイプ（笑）。
少女漫画も大好きで、矢沢あいさんの作品のよさを大人になってあらためて実感。
フィクションなのにどこかリアルで、絶妙なキュンを突いてくる。
『ご近所物語』は歩ちゃんのファッションに憧れてた。
『天使なんかじゃない』は観覧車のシーンがベスト！
そしていちばん好きな『Paradise Kiss』はジョージもいいけど紫ちゃんの強さに胸を打たれた。
私ってけっこう女の子のキャラが好きで。憧れや共感を抱きながら読み込んでいます。

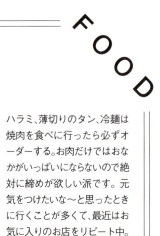

FOOD

56 YAKINIKU 【焼肉】

ハラミ、薄切りのタン、冷麺は焼肉を食べに行ったら必ずオーダーする。お肉だけではおなかがいっぱいにならないので絶対に締めが欲しい派です。元気をつけたいな〜と思ったときに行くことが多くて、最近はお気に入りのお店をリピート中。

57 TEA 【お茶】

日本茶大好き！ 紅茶も。私はコーヒーが少し苦手で……家でも撮影現場でもお茶をよく飲んでます。家にはルイボスティーやハーブティーも常備してる。ハーブティーはペパーミントなど、甘くなくてスッキリしたものが好みです。

58 WAGASHI 【和菓子】

甘いものなら和菓子がいい！ 酸っぱいと甘いの両方が味わえる、いちご大福が特に好きで。春が待ち遠しいな〜（笑）。求肥のふわもち感もたまらないです。ほかだと、わらび餅やきな粉も好き。甘すぎないところが和菓子のいいところ。

59 RAMEN 【ラーメン】

豚骨しょうゆ一択！ これがベスト。今はおしゃれなラーメン屋さんも増えてきたけれど、私は断然がっつりした男性が好みそうなお店のほうがタイプなんです。結婚前から二人でよくラーメンを食べに行ったりもしてました！

60 SPICY 【辛いもの】

麻婆豆腐、酸辣湯麺、ヤムウンセン、担々麺、スンドゥブ……。好きな辛い料理を挙げたらキリがないぐらい。アラビアータをめちゃくちゃ辛くして食べるのも好き。刺激が足りないと感じたときに、辛いものを食べます！(笑)

61 SUSHI 【お鮨】

光りものってなんであんなにおいしいんだろう……♡　まぐろ、うに、イクラも反則ですよね(笑)。お鮨はお気に入りのお店に何度も通う。今まで行ったお鮨屋さんでいちばんおいしかったのは、「天寿し」。また行きたいな〜!!!

62 PHAKCHI 【パクチー】

今、思うと私の実家って食のトレンドを取り入れるのがすごく早くて。パクチーも一般的になるよりも随分と前に食べていたから、パクチーを苦手とか嫌いとか思う隙すらなくて、当たり前に好きなものっていう感覚。どっさり入れます！

63 WASHOKU 【和食】

自分で作ると安心感があって、外で食べると繊細さを感じる。普段からいちばん食べる機会が多い。しょうゆ、みりん、お酒でサッと作れて、煮たり照り焼きにしたりと、家庭レベルであれば簡単に作れるし、続いても飽きないところもいい。

WORK

継続は力なり。流されるままじゃ駄目

Mirei's Keyword
from 64 to 69

2004年に撮影した、桐谷美玲として初めての宣材写真

64

SEVENTEEN
【セブンティーン／'06〜'11】

私の原点。自分がモデルになる前から読んでいた雑誌に出られるなんて、夢みたいだった。現場は部活ノリ！ ライバルじゃなくて、みんな仲よし。新しい友人がたくさんできたこともうれしかったな。初めての連載「美玲さんの生活」は毎回毎回、編集部に通って仕上げて。普通の言葉を書きたくなくて、みんなの印象に残るものにしたいなって思っていた。反響をもらったり、本になったときは感慨深かったです。5年半在籍して、その間に先輩たちの卒業も見ていたから、「卒業です」ってなったときはついに自分のターンが来たなあって。話したいことが山のようにあって、自分なりにまとめて、前の日に練習もした。楽しくて、学びがあって、家族のような仲間にも出会えて。モデルの楽しさを知ったのもセブンティーンがあったから。セブンティーンがあったから、間違いなく今の私がいる。

初めての1人表紙!!
緊張でうまく笑えなくて
時間をかけて撮ってもらった。

当時のセブンティーンにしてはメイクが薄めで
大人っぽく仕上げてもらった表紙でお気に入り

リニューアル号の表紙も嬉しかった！
「パンっ！と」っていうポージングの指示
のもと行われた撮影でした。

photo／Tsuyoshi Ando（2007年1月15日号） Daisuke Fujisawa（2007年2月15日号） Tomoya Nagatani（2007年8月1日号） Atsuko Kitaura（2007年9月1日号／2008年1月1日号・4月1日号） Isao Yamaguchi（2007年9月15日号／2008年2月1日号・6月1日号・9月1日号・10月号） Makoto Minoura（2007年10月15日号／2009年4月号・7月号／2010年6月号／2011年3月号） Hirofumi Mimaya〈f-me〉（2007年12月1日号） Ryo Horiuchi（2008年5月1日号・11月号／2009年1月号・9月号／2011年8月号・12月号） Motokazu Murayama〈SIGNO〉（2010年1月号・2月号・4月号・10月号／2011年2月号・4月号） Kiyota Sato（2010年7月号／2011年7月号）

Mirei's 「SEVENTEEN」 archives

p.112　photo／Daisuke Fujisawa（2006年7月1日号）
p.113　photo／（上右左）Isao Yamaguchi（2007年2月15日号）　（下右）Nobuyoshi Baba（2007年11月15日号）　（下左）Hirofumi Mimaya〈f-me〉（2008年2月15日号）

Mirei's「SEVENTEEN」archives

p.114
(上右)photo／GIRAFF（2010年4月号）
(上左)photo／Motokazu Murayama〈SIGNO〉
（2011年7月号）
(下)photo／Atsuko Kitaura（2010年12月号）
p.115
photo／Ayumi Shikata〈ROOSTER〉（2010年10月号）

Mirei's 「**SEVENTEEN**」 archives

Mirei's「SEVENTEEN」archives

p.116〜p.117　photo／Motokazu Murayama（SIGNO）（2010年4月号）

Mirei's 「SEVENTEEN」archives

NEKO-ME SANSHIMAI
【ネコ目三姉妹】
photo／Makoto Minoura(2007年10月15日号)

ありさと私が"ネコ目"で
似てる！とよく言われるという
雑談から始まった
ネコ目3姉妹。
今思うと風変わりな(?)
着回しとかよくなってて楽しかった！
私はcool担当だった為、
ほぼストレートおろしの
髪型でした。

MIREI MOJI
【美玲文字】
photo／Atsuko Kitaura(2008年4月1日号)

美玲文字、
携帯の絵文字にもなりました。

MOTENAIS 【モテナイズ】
photo／Yuji Tsunokami(2008年5月1日号)

モテナイズも雑談が現実になった企画！
いつも意外と細かい所までこだわって
撮ってました。絵コンテもあった！

SERIES 【連載】
photo／Ryo Horiuchi(2008年4月15日号)

SPECIAL 【美玲特集ページ】
photo／Atsuko Kitaura(2008年4月1日号)

らんさーん♡
STにはよく登場してくれたらんさん♡ あーかわいいなぁ♡♡

Mirei's 「SEVENTEEN」 archives

ARISA
【ありさ】
photo／Ryo Horiuchi
(右 2011年10月号・左 2010年1月号)

ありさと2人の旅は
すごく楽しくて
半分以上
素の表情ってかんじ。

OKINAWA
【沖縄】
photo／Ryo Horiuchi
(2011年12月号)

初めての沖縄で
連載最終回
いっぱい
食べたなぁ♪

65 / non-no
【ノンノ／'12〜'15】

「seventeenの頃とは違う表情で!!」と言われ、すごく悩みながら撮影していた記憶。

記憶があんまりない……! それぐらい自分自身が最高潮に多忙を極めていたときに出演させてもらっていた雑誌。そんな生活のなかで、ノンノは心の安らぎになっていました。ありがたいことにいろんなお仕事に挑戦させてもらって、やっぱり私はモデルという仕事が特に好きだなと感じた。だからその仕事に全力で取り組めるように、一日の撮影本数をできたら分けてほしいと事務所にかけあったこともありました。セブンティーンに比べると組みのカットが少なくて寂しさを感じたかなあ(笑)。現場ではみんな、私が忙しいことをすごく気にかけてくれて、好物の唐揚げを差し入れに持ってきてくれたり、うれしいことをたくさんしてくれた。感謝がいっぱいの3年間でした。

photo／Fumiko Shibata（2012年3月号／2014年5月号・11月号・12月号／2015年6月号） Masaki Sone〈PEACE MONKEY〉（2012年4月号／2015年4月号） Emiko Tennichi（2012年5月号） Fumi Kikuchi〈impress+〉（2012年11月号） Kazutaka Nakamura〈Makiura Office〉（2013年3月号・9月号／2014年3月号）

120

photo／Emiko Tennichi（2012年2月号）

Mirei's「**non-no**」archives

p.122　photo／Fumiko Shibata（2012年3月号）
p.123　（上）photo／Naoko Shimizu（2012年7月号）
（下右）photo／Naoko Shimizu（2012年9月号）　（下中）photo／Chizuru Abe〈LOVABLE〉（2013年2月号）　（下左）photo／Naoko Shimizu（2013年4月号）

Mirei's 「**non-no**」archives

Mirei's 「**non-no**」archives

p.124　photo／Naoko Shimizu（2013年 5 月号）
p.125　photo／Naoko Shimizu（2013年 7 月号）

Mirei's 「non-no」 archives

p.126　（上）photo／Chizuru Abe〈LOVABLE〉（2014年9月号）　（下右）photo／Naoko Shimizu（2013年8月号）　（下左）photo／Chizuru Abe〈LOVABLE〉（2015年5月号）
p.127　photo／Naoko Shimizu（2015年6月号）

Mirei's 「**non-no**」 archives

MIREI'S 60DAYS
【美玲の4か月着回し60days】
photo／Shion Isaka（2012年6月号）

1つのテーマで
こんなに服を着たの初めて!!
1日で撮影したから
大変だったなぁ笑
non・noは
着回しが多かった!!

HAIR
【髪型】
photo／Emiko Tennichi（2013年9月号）

MIREI BOOK
【桐谷美玲の NOW BOOK】
photo／Daisaku Ito〈The VOICE〉
（2014年3月号）

大好きな
スタイリストさんが
わざわざ
北海道から
来てくれて
すごく嬉しかった!

誌面で髪を切る所を載せてもらったのは
ほぼ初めての経験でした。

128

GRA-NON
【グラビアノンノ】
photo／Atsuko Kitaura（2013年9月号）

ありさと2人で久しぶりの撮影！
ガチバドミントン、ガチフラフープで遊びながら
撮影した♡

129 | WORK

66
BAILA
【バイラ／'16〜】

26歳で初めての大人雑誌デビュー。今までのイメージを変えられたらと思って門をたたきました。最初の撮影はめちゃくちゃ緊張した！ ここで失敗したら私はもう無理だなって。ヘア＆メイクは頼れる兄貴でもある、河北裕介さんだったので「頑張りたいから、可愛くつくってください!!!」ってお願いもして(笑)。大人の雑誌は瞬間を切り取っていく撮影というイメージで服の見せ方やポージングなんかもいまだに難しいなと思いながら現場に挑んでいます。そのぶん、いい写真が撮れたときの喜びはすごく大きい。大人の雑誌に出るようになって、もっと身長があったらとか、顔が大人っぽかったらと思うことも増えたけど、そこは変えられないから今の自分という素材でどう見せるのがベストかを毎回探りながら向き合っています。

photo／Yuji Takeuchi〈BALLPARK〉(2017年2月号・6月号)　Masanori Akao〈whiteSTOUT〉(2018年2月号・7月号・10月号)　Akinori Ito〈aosora〉(2019年6月号)

Mirei's 「BAILA」 archives

132

Mirei's 「BAILA」 archives

p.132
(上右)photo／Masashi Ikuta〈hannah management〉
　　　(2019年6月号)
(上左)photo／Arata Suzuki〈go relax E more〉(2019年3月号)
(下右)photo／Masanori Akao〈whiteSTOUT〉(2019年7月号)
(中左)photo／Yasunari Kikuma〈symphonic〉(2017年9月号)
(下左)photo／Yasutomo Sampei(2017年12月号)
p.133
(上右)photo／Masanori Akao〈whiteSTOUT〉(2018年5月号)
(上左)photo／Masashi Ikuta〈hannah management〉
　　　(2012年4月号)
(中右)photo／Yuji Takeuchi〈BALLPARK〉(2017年2月号)
(下右)photo／Shohei Kanaya(2019年1月号)
(下左)photo／Arata Suzuki〈go relax E more〉(2019年3月号)

Mirei's 「BAILA」 archives

DENIM
【デニム】
photo／Yuji Takeuchi〈BALLPARK〉〈2016年9月号〉

*初バイラ撮影✨
テストを受けている感じで
ずっとドキドキしてた。*

BAG
【バッグ】
photo／Masanori Akao〈whiteSTOUT〉〈2017年10月号〉

*初めて バッグを投げた!! 笑
謎な緊張感がありました。*

FASHION
【ファッション】
photo／Fumi Kikuchi
〈impress*〉
〈2018年7月号〉

*このラーメン、
本気食いで
完食しました。*

SERIES
【連載】
photo／Masanori Akao〈whiteSTOUT〉〈2018年1月号〉

*連載はいつもその時に
興味がある事を相談して
決めてもらってます。*

KYOTO
【京都】
photo／Masanori Akao〈whiteSTOUT〉(2018年10月号)

京都、暑かったなぁ…
着物素敵だった♡♡

WEDDING
【婚バイラ】
photo／Yasutomo Sampei
(2017年12月号)

実際の
指輪選びに
とても参考にした
婚バイラ。笑

67
ACTRESS
【女優】

一生懸命だった。
実はモデルの仕事よりも女優の仕事のほうが先だったんです。
もちろん、何もかもが初めて。誰かが何かを教えてくれるわけでもなかったから、本当に大変だった。
2ページびっしりのセリフも話してみると30秒ぐらいで、映像ってこんなに時間も人手もかかるんだって
驚いたのと同時に、生半可な気持ちではできないものだって思った。
女優を経験したことによって、考え方の幅が広がったり、意外性の重要さを知りました。
今までの私だったらできないこと、考えられないこと、感じられなかったことの
気づきをくれた。現場で出会った、米倉涼子さんや水川あさみさんを筆頭に先輩たちも
本当に素敵な方々が多くて、なんでこんなに面白くて演技が上手なんだろうって
ひそかに目標にしてた。昔から憧れていた篠原涼子さんとワンシーンだけど共演できたこともすごくうれしかった。
セリフ覚えは早いほうかなと思うけど、スケジュールのハードさに
パンクしそうになったり、体調をくずしたこともあった。
ただ、私は女優をできたことが本当に自分の宝になっていると思っていて。
モデルだけだったら甘ったれていた気がする。
想像以上に大変なことやつらいこともあるけれど、私を強くしてくれた。
30歳を迎え女優として仕事をするなら、今まで以上に時間をかけて役やストーリーに入り込んでいきたい。
流されるんじゃなくて、積極性をもって挑みたい。
いつかその姿を見せられるといいなと思っています。

美玲思い出の4作品

MOVIE
【女子ーズ】

あんなにゆるくて変な映画はなかなかない(笑)。全員はじめましての現場にもかかわらず、即ノリノリに。同性の同世代が集まる現場ってあまりないから。現場を終えて宣伝期間中にさらに仲よくなっていきました。今じゃもうみんな各方面で頑張っていて、尊敬します。二度とないであろう作品に参加させてもらえて光栄でした！

©2014「女子ーズ」製作委員会

DRAMA
【好きな人がいること】

いちばん楽しい現場だった！ 超王道のラブストーリーも意外にもこのときが初めて。監督やプロデューサーさんとたくさん、話をして一緒に作れたなと思います。すごく寄り添ってくれて、充実感があった作品。(山﨑)賢人とも2回目の共演で下地ができていたから、スムーズに進められました。スタート時は5、6月だったから鎌倉が少し寒かったな。でも現場はすごく心が温かくなる場所だった。

DRAMA
【女帝 薫子】

初めての連ドラ主演。プレッシャーが半端じゃなかった。今思うと「本当によくやったな」という感じ。このドラマは独特の決めゼリフがあったり、自分自身とは遠い役柄、主演ということもあり「やるしかない！」と腹をくくって挑みました。そんな甲斐もあってなのか今でも女帝のころからファンですという声をいただいたりしてすごくうれしいんです。共演者の国生さゆりさんから「あなたはそのままでいいのよ」と言っていただけたのも心の支えになっています。

MOVIE
【ヒロイン失格】

原作が大好きで大好きで、すごくやりたかった作品。自分が参加すると決まるよりもずっと前に妄想キャスティングまでしてました(笑)。それだけ思い入れがあったから自分自身からのプレッシャーもすごくて、やりたいって言わなきゃよかったと思ったことも(笑)。原作の大ファンだから、重要なシーンは漫画と比べて遜色ないようにしたくって。丸刈りのシーンは超重要だと思っていたからめちゃくちゃ気合を入れた。あと変顔ははとりに近づけたいから、変顔シーンの撮影前に漫画を見返してできるだけ忠実にはとりの変顔へ近づけようとしたり。はとりちゃんを演じることができて本当にうれしかった。

ヒロイン失格
Blu-ray&DVD発売中　発売元：バップ
©2015 映画「ヒロイン失格」製作委員会
©幸田もも子／集英社

68
NEWSCASTER
【キャスター】

またやりたい仕事。
自分の言葉で何かを伝えることの難しさ、楽しさ。
モデルや女優の仕事とはまったく異なる新鮮さもありました。

キャスターをやるまではなにげなく見ていたニュースも、裏側を見たことで、
1分1秒、その時間の大切さを身をもって知ることができた。
アナウンサーの皆さんの対応力にも驚かされた！
私はとてもそこまでできないけど、自分のやれることをやろうと思って
自分なりにアンテナを張って、素朴な疑問を常に持つように生活していました。
ニュース番組という硬派な番組の中で若い人の懸け橋になれるような存在を目指して。

キャスター経験の中で特に印象に残ったのはオリンピック取材。
世界中の記者やアスリートが一堂に会するその場の圧倒的な熱量と活気は
今まで味わったことのないものでした。
緊張感ある現場、そして選手に短い時間の中で何を聞き出すか、
私自身までアドレナリンがみなぎるような貴重な経験。
またいつか、自分の言葉で"伝える"ということをやってみたい。

MESSAGE

日本テレビ系「NEWS ZERO」にて担当デスクだった
清水 亮氏より

あまり感情を表に出すことはないですが、情熱と信念を持って仕事をしている人だなと思っています。ニュースの取材をするときは、その事案や企画で何を伝えたいのか、まず本質をとらえることが重要なのですが、そこをすぐに汲み取ってインタビューやリポートをしてくれていました。モデルや女優として華やかな舞台に立っている一方で、一般的な感覚をお持ちの方なので、視聴者の目線に立ってものごとを考えられる"報道人"としても優秀な方でした！

個人的には結婚式のVTRを作らせてもらったことが思い出に残っています。二人きりのときに「VTRを作ってほしい」と静かに言われ、「もちろん」と快諾したものの、周囲には内緒で作らないといけなかったため孤独な作業でした（笑）。小さいスタジオに新郎新婦のお二人を呼んで撮影した際は、本当ノリノリでしたね。仲のよいお二人のやりとりも素敵でした。

photo／Katsumi Ohmura　©日本テレビ

69 / CO-STAR 【共演者】

これらの質問に答えていただきました
Q1 桐谷さんと初めて会ったのはいつ?
Q2 桐谷さんに初めて会ったときの印象は?
Q3 桐谷さんのことを何て呼んでいる?
Q4 桐谷さんってどんな人?
Q5 桐谷さんとの印象的な思い出は?
Q6 桐谷さんへのメッセージを

女優 山本美月さん

Q2 ZERO見てますって話した気が…。可愛いなぁ仲よくなりたいなぁって思って頑張って話しかけたはず!

Q4 ふわふわ可愛く見えるのに、話すとすごくしっかり自分の意見を持っていて、気がついたらいろいろ相談に乗ってくれている、私にとっては友達だけど、頼りになる先輩でもある気がします。お人形さんのように可愛いのに、ちゃんと人間味もあるところも好き!

Q5 いちばん最近では、二人で食事に行きました。久しぶりだったから最初は少し緊張したけど、気がついたらいろいろ話を聞いてもらってて、お誕生日までお祝いしてもらって。バイバイしたあとに届いたLINEがやさしくて、ほっこりしました。

Q6 美玲ちゃん本、出版おめでとうございます＼(^^)／美玲ちゃんのしっかりしてるけど、ちゃんと女の子なところ、憧れるし、大好きです!

女優 藤井美菜さん

Q1 映画『女子―ズ』の顔合わせ、本読みにて。最近のようにも思えるけど、もう5年以上たちましたねー。

Q2 顔ちっちゃ!から始まって、可愛い! きれい!とテレビでは知っていたものの、実物で見る美しさに驚かされました。

Q3 普段は美玲ちゃんー、と呼んでいますが、ときどき、女子―ズメンバーのグループチャットでは、レッド!とかいまだに呼んじゃいますね(笑)。

Q4 会うまでは、きれいで知的なイメージが強かったので、隙のない方なのかな、と思っていたんです。でも、『女子―ズ』のときにすごく気さくで、肩に力が入っていなくて一緒にいてすごく楽でした。そのほんわりあったかい雰囲気の主役がいたからこそ、あれだけ楽しい現場になったんじゃないかなぁ、と思っています。ごはんをおいしそうに食べるなぁ、とかけっこう人間味にあふれるギャップに、私は一人萌えておりました。あと、プライベートでも、些細なことも気にして連絡してくれたり、気配りをしてくれる!

Q5 『女子―ズ』の現場で、女子―ズレッドの扮装をしたまま、おにぎりを抱えて眠っていた姿が、いまだに忘れられません。誰かに握らせられた説もあるのですが、とにかくとんだけ無防備なん!とみんなでニマニマしました。

Q6 また女子―ズメンバーでおいしいものを食べて、女子トークしようね♡大好きー!

女優 高畑充希さん

Q1 『女子―ズ』の現場で

Q2 この戦隊スーツ着こなせるスタイルすごいなっ!と、驚愕(笑)。

Q4 会う前は華やかな印象を持っていたけれど、とってもとってもいい意味で、普通の感覚を持っている人。そしてそれは出会った日から今も変わらず、その素朴な魅力がギャップ萌え、なのです。

Q5 『女子―ズ』のころ、美玲ちゃんがいつも「結婚して鎌倉に住みたい」と言っていたのが印象的。そこから私の中で、美玲ちゃん=鎌倉(笑)。

Q6 これからも変わらず美玲ちゃんらしいゆるやかでしなやかな人柄で、スイスイーと進んでいってね! そして、そろそろまた女子―ズ会の企画と招集。そこんとこよろしくです、レッドさん!

女優 有村架純さん

Q2 美玲ちゃんを初めて見たとき、驚異的な顔の小ささに驚き、これが、芸能界や…と痛感した。

Q4 美玲ちゃんは、高嶺の花なのに、感覚や価値観にとても親近感を持てる人。年下の私でも同じ目線で対峙してくれるし、やわらかくてぬくもりがある人。

Q5 なかなか会えないけれど、女子―ズみんなでごはんを食べてなにげない話をする時間が癒し。美玲ちゃんは少女のような可愛い一面も。

Q6 美玲ちゃん。いつもありがとう。美玲ちゃんがいつしか私のことを「かすみ」と呼んでくれるようになって、実はとてもうれしいです。ふふ。私はそのままの美玲ちゃんが好きよ。女子―ズらしくマイペースにいきましょ♡

モデル・女優・タレント 河北麻友子さん

Q1 初めては美玲の舞台の稽古にお邪魔させていただいたときです。その後ドラマで共演して、それをきっかけに仲よくなりました。

Q2 もうとにかく顔がちっちゃくて、ほそーい!!って思いました！(笑) 身長も体重も一緒なのでなんだか親近感が湧きました。

Q4 とても冷静です。いつでも的確で判断力が素晴らしい！

Q5 二人ともディズニーがだーい好きなのですが、1泊2日で行ったときが楽しすぎたー!!! 並んでるときも二人でゲームしたり、寝るギリギリまでいっぱいお話ししたり、スーパー楽しかった！

Q6 発売おめでとう！ 30代も楽しい思い出をたくさん一緒に作りたいなー!!! これからもいっぱい相談乗ってね！ だーいすきよん！

モデル 鈴木えみさん

Q2 小動物。

Q3 美玲ちゃん。

Q4 まっすぐ見つめてくる、美しいキテレツ。

Q5 うちでお酒を飲みながらタロット占いをしてもらったこと。

Q6 もっと印象的な思い出をこれから作っていこうね！(笑) あのお店もまた行きましょう。

スタイリスト 宮澤敬子さん

Q2 とにかく何を着ても似合うし、想像以上に可愛く着こなしてしまうので、スタイリストさんたちは楽チンできちゃいます(笑)。

Q5 何度か海外ロケ、ご一緒しましたがなんといってもお買い物timeを楽しく一緒に過ごせたことの思い出がいっぱいです。ファッションはもちろん食材からインテリアまでお互い興味津々♡ そのときばかりはずうずうしくもお友達感覚でShoppingを楽しませていただいてます。

Q6 どんな忙しい状況でも常に冷静で穏やか。そして、誰に対しても対等に思いやりとやさしさが備わっている方です。

子犬のような可愛らしい顔立ちですが、とても思慮深く、心のある大人の魅力を持った女性です。お仕事させていただいてから6〜7年たちますが、もし友人に美玲さんがいたら何でも相談できる親友に。。。。もし、子どもがいたら素直でやさしい美玲さんのような娘に。。。もし姉妹がいたらお買い物やgirls' talkを一緒に楽しめる妹に。。。欲しい!!! そんな信頼できる方です。

女優 水川あさみさん

Q2 細〜くて、なんだかち〜ゃくて、ふわっとしてる感じの印象。人見知りせず、すーっと話せた心地よさがある。

Q3 みれやん

Q4 自分の思いや考えを心の中にはしっかり持ち合わせている強さがある人。しなやかでやさしい。

Q5 ちえみと3人でごはんを食べて、そのままの流れでちえみのお家に行きちえみの家具の配置を変えた。勝手に模様替え(笑)。

Q6 みれやん♡ 30歳&スタイルブックの発売おめでとう！ みれやんの芯にある純粋さがとても好き。

お笑いタレント ブルゾンちえみさん

Q1 2017年春放送ドラマ「人は見た目が100パーセント」の読み合わせ

Q2 そのときの桐谷さんの役が「城之内さん」というすごくおとなしい役だったので、桐谷さんがどんな人で、何を考えているのかまったくわからず、とにかく不安でした(笑)。

Q4 仲間には熱く、熱心に心を向けてくれる人。飾らずシンプルで、正直な人。だから私も、変につくったりせず、ありのままでいられる。

Q5 ドラマではずーーっと3人で撮影していたから大変だったけど毎日笑っていた記憶があります。
着替えのときも、一人一人着替えりゃいいのに3人一緒に着替えたり。
とにかくみんな寝顔を撮影し合っていた。桐谷さんはいつも完璧な半目で寝てた。

Q6 発売されたらすぐさま買ってあふれる素敵を浴びようと思います。30代の桐谷さんもキメちゃってください！

モデル・女優 大政絢さん

Q1 セブンティーンモデルのときなのでもう10年以上前かな。

Q2 目力があって、細くて、オーラがある！ そして、少し人見知りなんだろうなという雰囲気(笑)。

Q4 とても真面目でしっかりしていて、愛情にあふれている人！ そして、若いころからこれだけお仕事をしてきても普通の感覚を持ち続けている、人間味がある人。

Q5 毎年お仕事で一緒に地方に行くときに一緒にごはんしてホテルで話をする時間は思い出が増えていき、これからもそれが楽しみだったり。

Q6 出会ったときは10代だったのにもう30歳！としみじみ。でもこれからもずっと同じような話を続けるんだろうなと。年齢を重ねても昔話をしてたくさん笑って、これから先のことも語っていける関係でいたいなと思っています！ 大好きだよ！ これからもよろしくね！

フジテレビ「好きな人がいること」演出 金井 紘さん

Q1 2016年5月。桐谷さん主演ドラマ「好きな人がいること」の衣装合わせでした。

Q2 The 人見知り。どうやって距離を縮めたらよいものかと焦ったのを覚えています。

Q4 女優さんとしてはとてもクレバーな方の印象です。こちらの狙いや意図を的確に汲んでくれて、表現してくださいます。女優業とは離れたところの桐谷さんは、とてもおおらかな人です。そしてびっくりするくらいよく食べます。

Q5 ドラマ「好きな人がいること」で、桐谷さん演じる美咲がひょっとこメイクをしてドジョウすくいをやるというシーンがあったのですが、どれくらい滑稽なメイクをやらせてくれるかなと心配していました。しかし、初めこそ少し照れてたものの、腹をくくってからは自ら眉毛を極太にしたり、お歯黒にするなど、キャストスタッフ一同爆笑のひょっとこ美咲ができ上がりました。桐谷さんの捨て身のサービス精神をきっかけに、チームワークがより一層高まったのを覚えています。余談ですが、その現場にたまたま桐谷さんのお母さまが見学にいらっしゃいました。目の前には滑稽なひょっとこドジョウすくいを披露し、100人近くに笑われている嫁入り前の娘の姿が……とても気まずかったです。結果的に、その現場で大笑いしてたある男と結ばれることになるのですが(笑)。

Q6 これからも、美玲ちゃんらしく、マイペースに、楽しくお過ごしください!! また一緒に何かやりたいーー!!

ヘア&メイク 犬木 愛さん

Q1 美玲さんがセブンティーンの専属モデルになったころにセブンティーンのビューティ撮影で初めてお会いしました! たしか夏の暑い日だった気がします……。

Q2 私が何かを話しかけたら、キョトンッと大きな目で私のことを、まだあどけない表情で見つめてきたときのあの顔が忘れられないです……。あどけなくて温和な女の子の印象でした!

Q4 頭脳明晰な人!! いつもすごく穏やかで落ち着いている印象なのですが、何か疑問を投げかけると瞬時に的確な回答が返ってきます。美玲さんの情報処理能力がうらやましい! それと……何に対しても一つ一つ丁寧な人。そのなかでも、丁寧だからこそ気がつく人への気配りには感心しました!

Q5 ハワイでの結婚式でメイクを担当させていただいたこと! 美玲さんと出会ってから10年以上もの月日がたち、親戚のオバチャン気分の私は花嫁姿の美玲さんを見たときは本当に感動しました(涙)。うれしい気持ちと、何とも言えないソワソワした気持ちと……。忘れられない思い出です♡♡♡

Q6 美玲さんと出会ってから、あっという間に10年以上の月日がたち今でも、こうしていられることに感謝です!! 美玲さんも30代に突入するなんて信じられないけど女性の30代は本当に楽しいので満喫してね! さらに10年がたったころ、また「あっという間だね〜」なんて言い合えるといいな。

アーティスト 清川あさみさん

Q1 パルコの水着の広告*で私がクリエイティブディレクターをしたときに、モデルとしてお願いしました!
*2010年PARCO SWIM DRESSキャンペーン

Q2 とにかく人間離れした美しさ!

Q5 たくさんありますが……結婚式に呼んでいただいたときは、花嫁姿に泣きました。

Q6 美玲ちゃんは、私にとって印象深いシーンで必ず会っていて、いつの間にか大事な人に。少し不器用なところも変わらず大好きだし、お仕事に関してもプロフェッショナルな部分にいつも惚れ惚れしています。これからもよろしくね! いつも心から応援しています。

スタイリスト 松尾正美さん

Q1 セブンティーン。まだ女子高生で制服を着ていましたね。

Q2 すごく顔が小さく、スタイル抜群。なのに性格はのほほんとしている。

Q4 よく寝る、おいしそうにごはんを食べる、おしゃれ、一緒にいて癒される。

Q5 家でたこやきパーティをしたとき、眠そうだったのでちょっと寝る?と声をかけたら、ベッドルームへ行って爆睡していたこと。あと忙しいなかありさのベビーシャワーを中心になって頑張ってくれてたこと。すごいなあって思いました。

Q6 今も昔も全然変わらない美玲さん。これからも仲よくしてね!

ヘア&メイク paku☆chanさん

Q1 2013年か2014年くらいだったかと……。NEWS ZEROの現場ではじめましてでした。

Q2 顔がとにかく小さかった!

Q3 美玲ちゃん、桐谷先生。

Q4 センスがよくて、外見ももちろんだけど、中身もとっても美人。やさしくて、懐が広くて、大人っぽいけど、ちょっとヤンチャだったり。実は面白い、とても。たまに見せるいたずらっこな一面は本当に可愛い。

Q5 ハワイでずっと食べ続け、ずっと食べ続けて私は日々丸くなっていったけど、

美玲ちゃんは朝起きたらもとどおりになっているという、代謝マジック。

Q6 美玲ちゃんと一緒にお仕事ができて、本当にたくさん素敵な現場を体験させてもらいました。お仕事もプライベートも素敵に過ごしていってね。応援してます! そしてこれからもよろしくね^ ^

集英社LEE編集部（元セブンティーン編集長） 崎谷 治さん

Q1 うーん、13年以上前、おそらくセブンティーン編集部で……だと思います。

Q2 細くて超手足の長い……だけど、本当に本当にフツーのちょっと田舎の女子高生でした。その後も、なんか「なんで私ここにいるんだろう？」って感じが半年くらい抜けなかった（それが撮影カットを通しても、わかっちゃうくらい）。でも、

初登場の瞬間から、「この子はいったい誰？」と読者から問い合わせが殺到するくらい話題に！

外見も内面も、当時の女の子の「なりたい」と思う要素をすべて持っている子でした。

Q4 僕にとってはある意味、「セブンティーンモデルの理想形」。私服スタイル「美玲のゆるカワ」や、手書き文字が可愛いと「美玲文字」を女子高生みんながマネしたり、「美玲ⓒになりたい」という巻頭特集が組まれたり……。初単行本の握手会に長蛇の列……、しかも99％が女の子！

読者の間にブームを起こせるセブンティーンモデルでした。

また、努力家というか超頑張り屋さん。『美玲さんの生活。』という初単行本、ほぼ全ページを手書き文字で構成。毎日毎日、編集部に来て遅くまで手書き文字を書いていた姿が忘れられません。そして必ずラーメンとチャーハンをダブルで完食してゆく姿も！

あんなに文字が多いのにあんなに活字が少ない単行本、校了したの初めてです（笑）。

ちゃんと、桐谷美玲 著と入れました（これも手書きで）。

Q5 読者3000人が集まる「セブンティーン夏の学園祭」での卒業式。観客も巻き込んだサプライズの段取りを説明している間、美玲ちゃんに聞かれないようにイベントの番組を制作してもらっていたBS-TBSさんに会場外へ連れ出してもらって偽インタビューを敢行。こんな全員舞台袖でスタンバっている開演直前にバレバレだろうと思いきや、全然本人気づかずに、「セブンティーンでの思い出」や「桐谷美玲のこれから」をみなとみらいの海辺をバックに素敵に語っていました。そんな天然でほんわかしていて「ゆる～い美玲ちゃん」が大好きです。また、卒業式での読者へのメッセージ、涙ながらに自分自身の言葉で、ひと言ひと言しっかり読者に伝えていた姿も印象的でした。「永遠にセブンティーンモデルでいられたら……」という言葉も編集長としてものすごくうれしかったです。

Q6 本当に桐谷美玲というモデルがいた時代に編集長をやらせてもらえて僕は幸せものだと思います。これからもみんなをなごます「ゆる～い美玲ちゃん」でいてくださいね。

映画監督 英 勉さん

Q1 2014年の暮れ。『ヒロイン失格』の顔合わせです。日テレの会議室でした。

Q2 丁寧な人だなと思いました。真面目な人。その日が誕生日近くだったらしく、プロデューサーが用意したケーキを、初めて会った彼女とみんなで食べる変な時間がありました。

Q3 はとり。はとちゃん。『ヒロイン失格』の役名です。名前は恐れ多くて呼びません。

Q4 プロフェッショナルで、可愛らしい人だと思います。やる気あるのか、ないのかわからない感じがあるんですが、やる！んですね。

Q5 映画ができて、彼女が初めて観たあとに泣いてました。

「ちゃんとできてた…」って。不安やったんかい！

Q6 また出てください。もう丸刈りにも、池落としたりもしませんから。

集英社LEE編集部（元セブンティーン編集部） 三橋夏葉さん

Q1 セブンティーン2008年11月号「Cool美玲 VS Sweetありさの今年っぽ☆ 秋冬オトナ化計画!!」の撮影日ですね。朝、集合場所の編集部に入ってきた瞬間が「はじめまして」でした。

Q2 超早朝で、美玲ちゃんは千葉から電車でやってきて、完全にすっぴんだったんです。その姿は……なんか、くしゃってしてた気がします（笑）。くしゃってしててそれが可愛くて……キュンとしましたね。セブンティーンといえば桐谷美玲！というまさにトップモデルという認識が先にあったので、会ってみたら、ふにゃっとしたオフの顔と、カメラ前の強さのギャップがすごくて、本当に魅力的でした。そのどちらも見られたことこそが、素敵な思い出ですね。

Q3 あなた♡

Q4 とても頑張り屋さんで、思いやりのある人。10代のころからそうでした。ハードな撮影が多かったなか、声に出さずともみんなを自然に引っぱってくれる姿勢、寒くても疲れていても常に可愛く写ってくれる安定感のあるビジュアルに、何度も何度も、本当に助けられました。本当にありがとう！

Q5 しっかりもので頑張り屋な桐谷さんの思い出はたくさんあります。大変なことも多かったはずですが、桐谷さんのおかげで楽しかったことのほうをたくさん思い出します。同時に、ロケの合間に白目むいて寝ていたり、猫みたいな顔でひゃっひゃって笑っている顔だったり……がずっと心のどこかにあります。

Q6 記念すべきフォトブックの完成、おめでとうございます！ 30代もその先も、ときどきは、とりとめないおしゃべりをしましょう！ 一緒にたべるごはんがいつもおいしくありますように♡

INTERVIEW

今の気持ちを素直な言葉で

Mirei's Keyword from 70 to 100

70
BEST FRIEND
【親友】

出会いは10代のころ、雑誌『セブンティーン』の撮影現場だった。
あれから約15年、お互いに結婚をして家庭を持ち、妻になり母になり。
さまざまな環境の変化があったけれど今も昔も何も変わらない。
東京とドイツの距離すらも軽々と超える、私たちの絆。

INTERVIEW

Talk with MIREI & ARISA

妻となり母となり、しなやかな強さを
身につけていく、ありさは私の憧れの女性
——美玲

美玲　私たち、一昨日も会ったよね。
ありさ　実は昨日も誘ったんだけど美玲は仕事で。日本に戻ると毎日のように連絡しちゃう。離れていた時間を一気に取り戻すかのように(笑)。
——現在、二人は遠距離友情中。ありささんは、サッカー選手であるご主人の長谷部誠さんが活躍するドイツへ。2歳になるお子さんと3人で遠く離れた異国で生活している。
美玲　最近は、お互いの家族も一緒に集まる機会が増えて。この間は(武井)咲ちゃんの家族もそこに参加。
ありさ　ST(セブンティーン)時代の仲間とは大人になった今も親交があって。子ども連れで集まることはよくあるんです。でも、咲ちゃんの旦那さんが参加するのは今回が初めてで。
美玲　STの"猫目三姉妹"がまさかの家族連れで大集合(笑)。感慨深いものがあったよね。

結婚。もちろん、猫目三姉妹の"家族会"にはご主人の三浦翔平さんも参加。ちなみに、私たちの婚姻届の保証人のサインは「お互いの親友にしてもらおう」と決めていて。私はありさにお願いしたんです。
ありさ　プロポーズされたときも、いちばん最初に連絡をくれたよね。私、ドイツでメールを見て泣いたから‼
美玲もよく「出会ったころは、まさか結婚するとは思わなかったし、つきあうとすら思っていなかった」と公言しているけど、実は私も最初は同じで(笑)。でも、二人の姿を見ているうちに"ずっと一緒にいるんだろうな"と思うようになった。本当に仲がいいし、なにより美玲がすごく幸せそうだったから。
——そう語る美玲さんも2018年に結婚した実感が湧くときがあるとしたら、美玲が結婚してやっていることは昔と同じ。

素顔の美玲も、仕事を頑張る美玲も、
まとめて全部「大好き」♡
——ありさ

駅であの人、降りるよ！」って(笑)。
美玲　で、無事に席に座れたら、二人ともすぐに爆睡。懐かしいなぁ(笑)。
——悩み多き20代は、泣きながらお互いの家に駆け込んだこともあった。
美玲　カラオケボックスで待ち合わせしたの、覚えている？
ありさ　あったね！ありさが泣きながら電話かけてきて……。
美玲　私ね、いまさらだけど反省しているの。なんで、自分一人で解決しなかったんだろうって。あのとき、美玲はすごく忙しくて、寝る時間もないくらいだったのに……。でも、電話をかけたら「会おう」と言ってくれて。
ありさ　それはお互いさま。私も泣きながらありさの家に行ったことあるし。あとね、後悔していることがひとつあって。それが、美玲の披露宴のスピーチ！こんなにもたくさん思い出があるのに、ロクなこと言えなくて！

「スーパーに寄って帰らなきゃ」って。
ありさ　ははははは‼　女子会のシメがスーパーになったことが、私たちの大きな変化かもしれないね(笑)。
——10代のころは、撮影が早く終わったら渋谷へ。プリクラを撮り、「SHIBUYA109」で買い物をするのが二人の王道コースだった。
美玲　私たちが仲よくなったきっかけは二人とも地元が千葉だったから。帰る電車が一緒だったんだよね。
ありさ　そこで、美玲が発揮していたのが"空く席がわかる"特殊能力。洞察力がやたら優れているから、席に座っている人がカバンをゴソゴソしだした瞬間「あれは定期を探している！次の

Talk with MIREI & ARISA

美玲　当日、サプライズ的に突然スピーチをお願いしたんだよね（笑）。

ありさ　で、悔しくて、家に帰ってから考えたの。「やり直せるなら、私はどんなスピーチをするんだろう」って。まずはきっと、美玲が多忙を極めていた時期、たった一日の休日を使って行った温泉旅行の話をすると思う。一緒にお風呂に入って、語り合って、でも、美玲は疲れているもんだからすぐに寝ちゃって。お箸を握ったまま白目でウトウトする美玲を眺めながら食べた旅館の朝食、忘れられない。

美玲　そういうありさは、旅行の計画中に楽しく飲み始めて泥酔。何も覚えていなかったじゃん！（笑）

ありさ　一人で『ヒロイン失格』を観に映画館に行ったこともあったなぁ。周りが楽しそうにしているなか、私だけやたら緊張していて。ワッと笑いが巻き起こるたびに「うちの美玲、可愛いだけじゃなく面白いんですよ」って誇らしげな気分になったりして……。白目の美玲も好きだし、仕事を頑張っている美玲も好き、早い話が全部好き♡　結果、スピーチで話したかったことはそれ。あ、スッキリした！（笑）

── お互いを「私のすべてを知る人」と

表現。本当に仲のいい二人だからこそ、親身に聞いてくれて、最後に必ず「でも、大丈夫だよ‼」と笑顔で言ってくれた。そのひと言に私は何度も救われてきたの。

ありさ　「ふんわりやわらかいけど強い」その言葉は私こそ美玲に捧げたい。どんなことも「やると決めたら最後までやり通す」芯の強さは本当に尊敬する。たまに弱音を吐くことはあっても、テレビやスクリーンの中にはそれをまったく感じさせない美玲がいて。ちなみに、「寂しい」はこっちのセリフ。ドイツで美玲と過ごした時間が楽しすぎて、帰国後の喪失感といったら、しばらく"美玲ロス"で大変だったんだから！（笑）

── 今までケンカしたことも気まずくなったこともない。その理由を「どこか似ているのかな」と語る。

ありさ　老後一緒に縁側でお茶を飲むのが私たちの夢（笑）。そこにたどり着くまでにはきっと、いろんなことがあると思うけど……。

美玲　これからもよろしくね♡

正直、離れて暮らす今は寂しい。ありさがドイツ行きを決断したときは寂しかったけど。同時に「すごいな」って尊敬したの。生まれたばかりの子どもを抱えて、言葉も通じなければ、知り合いも誰もいない国に行く、それってすごく勇気が必要なこと。

美玲　そうかもしれないけど、迷いは一切なかった。「家族一緒に暮らした」ブレない思いがあったから。

ありさ　この間、ドイツに行ったんだけど。ローカルな市場で世間話をしながら買い物をしていたり、サッカーの試合会場でも選手の奥さんたちの輪の中にちゃんと入っているありさがいて……。私ね、感動して泣きそうになったの。もちろん家族の協力もあるけど、ありさはゼロから自分の力でこの生活を築き上げたんだ」って。昔からずっと言っているけど実は、私の憧れの女性は"佐藤ありさ"なんです。ふんわりやわらかく見えるけど実は強い。妻となり、母となってからはさらに、どんどんしなやかな強さを身につけていて……。私が悩み相談や弱音を口にできる相手はありさだけ。だからこそ、甘えてしまうことも多かったんだけど。そのたび、話をすると思うけど……。

居心地がいいのはペースや空気感が似てるから ── ありさ
「決めたことを曲げない」強さも二人の共通点 ── 美玲

71-99
Q&A
【29の質問】

---

72 / 好きな季節は?
春
とにかく寒さに弱いので。
冬が終わり暖かくなる季節が好き♡
寒さが忍び寄る秋はちょっと苦手。

71 / 好きなテレビ番組は?
ドキュメンタリーから恋愛リアリティ番組まで、
リアルな世界にふれることができる
ノンフィクションが好き

74 / ついつい買ってしまうものは?
しめじ(笑)
パスタ、キノコのソテー、スープ……
どんなメニューでも活躍する万能選手。
冷蔵庫の中にあると安心する、
切れたら即補充の我が家のスタメン!

73 / 好きな言葉は?
「明日やれることは明日やる」
頑張りすぎない、無理しすぎない、ときには自分を甘やかすことも大事。
昨日も「まとめてやればよくない?」と、おしゃれ着洗濯を翌日にまわしました(笑)。

77 / ラッキーナンバーは?
3
美玲の「み(3)」だし、
なんとなく好き

76 / 今までやった習い事は?
ピアノ、英語、水泳

75 / ついやってしまうことは?
靴は右足から履く
左足から履くとうまく歩けない(笑)。

80 / 最近、うれしかったことは?
某オンラインゲームで
1位になったこと♡

79 / 今、気になることは?
ソファの色と素材
今、使っているソファは黒のレザー。
リビングで異様な存在感を放っているので、
部屋になじむ布のグレーに変えたい!

78 / 苦手科目と得意科目は?
苦手科目は数学と化学。
得意科目は国語(現代文のみ)
化学は"モル"でつまずき、
数学はとにかく図形が苦手で。
平面から立体に移行した瞬間、混乱。
空間認識能力が欠落しているみたいです、私(笑)。

84 / 好きなフルーツは?
桃
子どものころから大好き。
毎年、桃の季節が楽しみで、スーパーに
並び始めるとテンションが上がる!
今年は大学時代の友達"あまちゃんず"と
山梨へ桃狩りに。大量に食べたけど……
まだまだ足りない!

83 / 好きな街は?
恵比寿
おいしいごはん屋さんが多い街。
最近のお気に入りは小籠包。

81 / 戻れるとしたら、
いつに戻りたい?
高校時代
高1からこの仕事を始めたので、コンビニ、
ファストフード、カフェ店員、
王道のアルバイトを経験したり、
高校生らしいことをやってみたい!

85 / 人生でいちばん恥ずかしかった経験は?
学生時代、電車に乗り遅れそうになり、階段を駆け下りたら踏み外して思い切り転倒。
焦って起き上がり駆け込もうとしたら目の前でドアが閉まってしまい……と思ったら、
プシュ〜ッとドアが開いてうっかり乗れてしまったこと。
そのすべてを乗客の皆さんに見られていたっていう(笑)
なにごともなかったようにしれっとシートに座ったけどあれは本当に恥ずかしかった!

82 / 未来に行けるなら?
自分の未来を知ってしまったら、
人生は楽しくないと思うから。
はるか遠くの100年後、
200年後に行ってみたい

88
最近、大笑いしたことは?

河北麻友子に笑わせてもらった

あの人は本当に面白い!
笑うのは好きな人と一緒にいるとき。
夫にもよく笑わせてもらっています。

87
言われるとうれしい褒め言葉は?

「その服、可愛いね」

服、靴、バッグ……
自分よりも身につけているもの、
"センス"を褒められると、うれしい。

86
今、挑戦したいことは?

スカイダイビング

絶叫系マシン好きの私が
トライしたい究極の絶叫系。
経験した人がよく
「人生変わるよ」って言うので、
本当に変わるのか試してみたい!

91

好きなイベントは?

クリスマス

うちの母はドイツのクリスマスマーケットに
買い物に行ってしまうほどのクリスマス好きで。
12月になると、大きなツリー、手作りのリース、
真っ赤なポインセチアの飾りで
家中があふれかえるんです。
その遺伝子を受け継いでいるのか、私も好き。
と言いつつ、我が家の飾りつけに関しては
玄関に小さなリースを飾るくらいなんだけど(笑)。

90
あると安心するものは?

肌ざわりのいい毛布

「カシウエア」のラベンダー色の
大きなブランケットを
移動車の中に常備しています。

89
次に行きたい旅先は?

モロッコ

青い街"シャウエン"に行ってみたい。

92
旦那さんに影響されて始めたことはありますか?

ゴルフとカルボナーラ

カルボナーラは夫の大好物なので、よく作るようになりました。
でも、今はまだ"成功"と"失敗"の差が激しくて。
この間も、一人で作って食べたときはおいしくできたのに
「作ってあげるよ」とドヤ顔で披露したら大失敗。
まだまだ修業中の身です(笑)。

93

旦那さんが美玲さんに影響されているなと感じることはありますか?

しゃべり方かな?

気づいたら私の口グセが
彼に伝染してることがあります(笑)。

94
自分のひそかなチャームポイントは?

"耳フェチ"の私のベストが

自分の耳

柔らかさ、耳たぶの長さ、
さわりすぎてピロピロになった軟骨……
すべてが好み♡

97
身につけたい"大人のたしなみ"とは?

ペン習字

楷書ではなく行書で。サラサラッと
きれいな字を書ける女性になりたい。

96
桐谷美玲さんはどんな奥さんですか?

変な奥さんです(笑)

我が家にはよくわからない儀式やブームが多々あって。
その発信源はたいてい、私。
例えば、自作の変な曲を歌い始めたり……。
それに夫が乗っかってきてくれるから
家庭内では私の"変"が加速しています(笑)。

95
自分のひそかなウィークポイントは?

右足の小指の爪

何度もはがれて、気づけば、
爪なのか爪じゃないのか曖昧な存在に。
ほかの爪と比べると明らかに異質(笑)。

99
癖はありますか?

耳をさわる、唇の皮をむく、手をゴニョゴニョする。
あと、よく周りに指摘されるのが

「ヨイショ」

着替えるとき、ロケバスで座るとき……
小さな「ヨイショ」をよく口にしているらしい。

98

鼻歌、歌いますか?

ちゃんとした曲ではなく耳にしたCMのフレーズとか、
無意識に口ずさんでいること、よくある(笑)

100 / INTERVIEW
【インタビュー】

桐谷美玲を語る100のキーワード。
最後を飾るのは、本人が素直に正直に語るリアルな言葉の数々。
幼いころのエピソード、デビューのきっかけ、ターニングポイント……。
"今までの歩み""これから"を包み隠さず語ってくれた
桐谷美玲のすべて。

Interview with MIREI

友達にどう思われているのか、考えすぎて体調が悪くなる。そんな繊細な女の子でした

「子どものころは、人見知りの内弁慶でした。祖父母の家に遊びに行っても、最初の一時間はいつも口をギュッと結んだまま。まるで初対面に逆戻り。頻繁に会っていたはずなのに(笑)」

幼少期は繊細な女の子だった。

「例えば、ショップカードのポイントがたまって景品がもらえる。自分はすごくその景品が欲しいんだけど、店員さんへの"すみません"のひと言が言えなくて。無理やり、弟に言わせたりして(笑)。あのころの私は一人じゃ何もできなかったし、"周りにどう思われているか"をすごく気にする子どもでした。勝手に想像して考えて悩み、結果、体調をくずしてしまうこともあったほど。小学校に入学したばかりのころもね、隣の席の男の子がくっついていた机を5cmほど離しただけで"嫌われたのかな? 私、何かしたのかな?"って。それが気になって気になって……おなかがキュウッと痛くなり、翌日、まさかの登校拒否(笑)。しょっちゅう泣いていたのを覚えています。仲のいい友達の前ではよくしゃべる

が、そこから離れると、サッと自分の殻に閉じこもってしまう。そんな性格を変えるきっかけになったのが、小5から中2まで過ごした大阪。

「環境の変化もだけど、大阪の街や人の雰囲気に影響されたのも大きかったのかな。家の中でしか見せなかった"素の自分"を少しずつ表に出せるようになったんです。よく"大阪人は指でバーンすると倒れる"っていうけど、あれは本当で。普通に通学路を歩いていると、見知らぬ少年が私たちにバーンしてきたりするんですよ。その瞬間、友達はみんな一斉に倒れるふり(笑)。最初は驚いたけど、私もその"大阪ノリ"にちゃんと対応。友達と一緒に倒れていましたからね(笑)」

芸能界とは無縁だった桐谷美玲の人生が激変した高校1年生の夏休み

素の自分を出せるようになったものの、目立ったり注目を浴びるような行動は苦手。"自分が芸能界に入るなんて想像もしていなかった"彼女に転機が訪れたのは高校1年生のころ。

「あの日は、地元の夏祭りで。私は美容室でストレートパーマをかけてもらっていたんです。で、終わって携帯を

見たら"知らない人が美玲を探しているる。気をつけて!"というメールがたくさん来ていて。"え、怖い"とおびえていたら……友達から"今、その人と一緒にいる"と電話がかかってきて。これ以上、友達に迷惑をかけたくないから、とりあえず、会ってちゃんと断ろうと。休み時間の教室のようなにぎやかな撮影現場に行くのも、限りなく友達に近いモデル仲間に会いに行くのも、楽しみで仕方なかった。スタートが違うから、楽しみで仕方なかったのかもしれない(笑)」

あっという間に激流にのみ込まれ、どんどん流され岸から離れていく……そんな感覚。それでも、この仕事を辞めようと思わなかったのは、戸惑いつつも"楽しさ"を感じていたから。特に『セブンティーン』はもうひとつの学校のような存在で。休み時間に別の教室ににぎやかな撮影現場に行くのも、限りなく友達に近いモデル仲間に会いに行くのも、楽しみで仕方なかった。スタートが違ったら、『セブンティーン』に出会えなかったら……私は今、ここにいないかもしれない(笑)」

ガムシャラだった20代。手に入れたスペックは"早食い"と"早寝"(笑)

「私が覚えている"いちばん最初の記憶"は幼稚園のころ。女子たちの"ドレス争奪戦"に参加していた記憶。私の通っていた幼稚園には、なぜかお姫さまのようなドレスが数着あって、休み時間は誰でも自由に着ることができる『その時間が楽しみで仕方なかった。お姫さまに変身できる"その時間"」とほほえむ。

「モデルの仕事の楽しみも、あのころに抱いた感覚と少し似ているのかもしれない。きれいな服を着せてもらい、おしゃれなメイクをしてもらい、カメラ

素の自分を出せるようになったものの、目立ったり注目を浴びるような行動は苦手。"自分が芸能界に入るなんて想像もしていなかった"彼女に転機が訪れたのは高校1年生のころ。

雑誌の撮影現場で……。ファッション雑誌が大好きだった私は、うっかり思ってしまったんですよね。"わぁ、楽しそう!"って(笑)」

それから数カ月もたたないうちに、雑誌『セブンティーン』の専属モデルに決定。さらには女優業もスタート。放課後や休日は雑誌やドラマや映画の撮影に。"普通の高校生"だった彼女の生活は一変した。

「もちろん、最初は戸惑いました。興味本位で川に飛び込んでみたものの、

Interview with MIREI

の前では違う自分になれる。そこには、想像したこともない自分がいたりして。キャリアや雑誌によって、表現の仕方や求められるものは変わってくるけれど、根底にあるその"楽しさ"はずっと変わらない気がする」

 今も昔もずっと「モデルは大好きな仕事」。その気持ちもまた、変わらない。

「その楽しさを素直に味わうことができたのは、環境もよかったのかもしれない。というのも、私の通っていた高校は進学校で。学校に雑誌を持ってくるような生徒もいなければ、私の活動に興味を持つ人も少なかったんです(笑)。周りの視線や言葉を気にすることもあったけど、そんなときに友達が私にかけてくれたのが"知らない人のことなんて気にしなくていいじゃん"という言葉。その言葉には何度も救われた」

 人生が大きく変わった10代。20代に突入してからはさらなる変化が。女優としてスポットライトを浴びるようになり、次から次へと話題作に出演。そのころに手に入れたもの、そのころの撮影の合間を縫うように大学へ。桐谷美玲の毎日はとにかく忙しかった。

「そのころの私も相変わらず、激流の中を上手に泳ぐことができなくて。それなのに、流れがどんどん速くなっていく……。正直、溺れそうになることもあれど、根底にあるその"楽しさ"はずっと

プロデューサーさんが声をかけてくださったんです。"美玲ちゃんは言葉のある人だと思った。だから、やってみませんか"って。最初はとにかく驚きました。想像もしたことがない世界だったから。今もネタのようによく言われるんです。"メイクされながら、セットチェンジの間に立ちながら、ほんの数分でも時間を見つけては寝ていたよね"って。でも私、それすらもよく覚えてなくって(笑)。忙しすぎて、当時の記憶が抜け落ちてしまっているんです」

 そんな日々の中で手に入れたものもあるはず。それを尋ねると……。

「早食い、かな(笑)。30分休憩があったら、いかに早く食事を終えて寝るかから思いましたよね、オカズも白米も一気に食べることができる"スプーンと丼メニューの相性は最強。特にスプーンと丼メニューの相性は最強。完食していましたから(笑)親しい友達やスタッフから"どこでもすぐ寝る"と評される、そのスペックもそのころに手に入れたもの。当時の彼女の忙しさを物語るエピソード。怒涛の日々を過ごすなかで、うれしい出会いもあった。それが『NEWS ZERO』のキャスターの仕事だ。

『セブンティーン』の卒業式を見て、当時の桐谷美玲を支えていたのは「や

ると決めたら最後までやり通す」意志の強さ。どんなに忙しくても、与えられた資料に目を通し、セリフも覚え、完璧な状態で現場に現れる。その理由を彼女は「自信がないから」と語る。

「みんなの期待値には手が届かない、全然足りない、ならば届くように頑張るしかない。才能があるわけでもなければ、自慢できるものもない。私にできることといえば"努力"だけだから」

 真面目で責任感が強く、中途半端や適当が苦手な性格。周囲の期待を真正面から受け止め、それに応えるべく全力を注ぐからこそ、苦しくなってしまう瞬間も多々あった。

「将来のビジョンも特になく、これから考えていけばいいやと思っていたときに、スカウトされてこの世界に飛び込んで。ガムシャラに走り続けてきやって、決めたからには頑張らなきゃでやって、決めたからには頑張らなきゃけれど。次第に、"周りが求めている自分"ではなく、"私がなりたい自分"と向き合うように。自分はどうしたいのか、どう生きていきたいのか……ちゃんと考えるようになったのが、25歳のころでした。そこからは、自分の意思を伝えて周りと話し合うように。そして、30歳を目前に、仕事との向き合い方を

「私はどうなりたいの?」
自分自身とちゃんと向き合い
初めて足を止めて考えた、25歳

変えることを決意したんです」

毎日に余裕が生まれたからか、最近はよく言われるんです。「やわらかくなったね」って

そして、基本に立ち返るかのように、女優業よりモデル業を優先した生活を送るように。

「向き合う仕事をしぼったことで、心にも時間にも余裕が生まれました。最近は、ジムにも通えているし、旅行にも行けるように。あとね、映画やドラマをすごく観るようになったんですよ。以前はね、どうしても仕事がチラついてしまうから、あまり楽しむことができなかったんです。20代は台本を読むだけで精いっぱいだったけど、今は好きな本も読める。陽の当たるリビングで紅茶を飲みながら本を開く、そんな時間が今はすごく幸せなんです(笑)」

スーパーで食材を眺めながらメニューを考える、休日は友達に会う……。そんな"普通"も彼女にとっては至福の時間。

「苦手だった掃除も好きになりました。"中途半端が苦手"な性格を発揮。一度手をつけたら止まらなくなってしまうから、忙しいときは、部屋が散らかっていても"見ないふり"をしていたんです(笑)。でも今は、そんな掃除にもトコトン向き合えるから。シンクの水まわりから、お風呂場の鏡の水あかまで、徹底的に退治。日々、スッキリした気持ちで過ごしています(笑)」

最近は周りから「やわらかくなった」と言われるそうだ。

「以前も暗かったわけじゃないし、そんなに硬かったとは思わないんだけどあとも、二人で一緒にいる時間はずっと居心地がよくて。よく"結婚して変わったことは?"と聞かれるんですけど、その答えは相変わらず"特にナシ"なんです(笑)。でも、変わらないのはきっと、お互いがそれくらい"一緒にいて当たり前"の存在になっているってこと。それも逆にいいことなのかもしれない」

2018年、俳優の三浦翔平さんとゴールイン。自分自身と向き合う時期に重なった、結婚。私生活の変化もまた、"やわらかくなった"ひとつの理由。

「結婚のために仕事のスタイルを変えたわけじゃないんですけど、結果、夫婦の時間をちゃんと持てるようになりました。食卓を挟んで二人でごはんを食べたり、のんびり犬の散歩をしたり、二人でリビングに寝転がりながら映画を観たりね。結婚する前も、結婚した(笑)。確かに自分でもそう感じてはいるかな。いっぱいいっぱいになって、家の中で一人"ンンン〜!"ってうなりながらリモコンを投げる、そんなこともめったにしなくなったから(笑)」

表舞台にいる私は頑張り屋さん。素の私はノンビリしていて少し変な人かもしれない(笑)

今までの歩み、そして、本当の気持ち。自分自身について語ってもらった

Interview with MIREI

インタビュー。ここで、あらためて「桐谷美玲さんはどんな人ですか?」と尋ねるとこんな答えが返ってきた。

「表舞台で活躍する桐谷さんは"頑張り屋さん"です。言われたことはちゃんとやる。うん、決まったことは絶対にやり通す。でも同時に、そんな桐谷さんを、"つまらない人"だなぁとも感じるんですよ。その時々、自分の立場とかを考えてしまうから、ユーモアがないというか、面白くないというか。つまらなくないのかなぁって思う(笑)。素の桐谷さんはノホホ~ンとしている人。あと、面白いというか、ちょっと変だと思います(笑)。そんな私を誰よりもそばで見て、いちばん理解してくれているのが夫なんです。家の中にはきっと、みんなの知らない見たこともない私がいると思う(笑)。

"表舞台にいる桐谷さん"と、"素の桐谷さん"はやっぱりちょっと違って。今までは、表舞台で過ごす時間が長すぎたのかな。もちろん、そこにもたくさんの幸せと楽しみが存在しているんだけど……。振り返ると、素の自分を少しおざなりに扱ってきたのかもしれないな。だからこそ、"素の桐谷さん"として過ごせる時間が増えた今はとてもバランスがいい。それぞれの

桐谷さんの割合が50:50だから、すごく居心地がいいんです」

自分を幸せにするのは ほかの誰でもない 自分自身なんですよね

やっと見つけた、"自分との上手なつきあい方"。激流の中で戸惑っていた20代の彼女はどこへやら、30歳になった彼女は"上手な泳ぎ方"を身につけ、楽しそうに泳いでいる。

「ここ1~2年は自分自身を見つめなおす時間を過ごしてきたような気がするんです。そろそろ、これから先のことも考えなきゃいけないんだけど、今はまだ漠然としたビジョンしかなくて……。一人の女性としては、ちゃんと自立していたいなって思っています。いずれは、子どもを産んでお母さんになりたいし、家庭を大事にしていきたい。でも、同時に自分にもちゃんと時間をかけることができる人でありたいなって。妻であり、母であるけど、一人の女性としての自分も大事にできる大人になりたいというか」

答えを出すのは自分、道しるべになるのも自分、"幸せの鍵はいつだって自分自身が握っている"と言葉を続ける。

「"待っているだけじゃ変化はおきない、思いは言葉にしないと伝わらない、自分から動かないと流れは変わらない"。それもまた、今までの歩みで私が学んだこと。昔は白馬に乗って王子さまが現れて幸せにしてくれると思っていたけれど、そうじゃない(笑)。自分を幸せにするのはほかの誰でもない、自分

自身なんですよね」

そう語り「これから、もっと自分を幸せにしてあげたい」とほほえむ。

「自分を信じるって難しく聞こえると思うんですけど。私にとってのそれは、自分の心の声に耳を傾け、その声を信じることなんです。自分は間違えているんじゃないか、自分の出した答えは不正解なんじゃないか……自分を信じることができないときって、"周り"を基準にものごとを考えていることが多い気がして。だからこそ、まずはその主軸を"周り"ではなく、"自分"に戻してあげる。すると、心の本音が聞こえるようになってくる。自分が本当に望んでいることや求めるものが見えてくる。目指す場所が見えれば、そこに近づくための道すじもまた自然と見えてくると思うんです」

「目標を作り掲げるのも、夢や野心を抱くのも、相変わらず苦手な私ですが。"前髪厚めのゆる巻きロングの美玲ちゃんにまた会いたいです"というコメントを目にするんです。それは多分、映画『ヒロイン失格』や雑誌『ノンノ』に出ていたころ、もう5~6年前の私。それもまたとてもうれしいことだけど……正直、思ってしまうんですよ。"今の私は過去の私に負けているわけじゃない!"って。もっともっと進化して、"今の美玲ちゃんがいちばん好き"と言ってもらえるようにならないとダメだなって。実はね、この本にはそんな私の思いもパッケージされているんです。過去の私がいるから今の私がいる。今までの道のりに感謝しているからこそ、みんなの中にあのころの私が刻まれているのは私の誇り。でも、だけど……この本を読んで、"今の桐谷美玲も悪くないな"って、そう思ってもらえたら、個人的には最高です(笑)」

zukanを手にとってくださって
本当にありがとうございます。
30才のキリタニはどうでしたか？
仕事を始めて早15年。
あっという間だったなぁ。
と同時に激動の15年だったな
とも思います。
楽しい時、苦しい時、嬉しい時、
しんどい時…
いろんな瞬間が思い出されるけど、
いつだって応援してくれるみなさんが
いてくれたから頑張れた。
ありがとう。
そして、今。もしかしたら
テレビに出る機会が少なくなって
寂しい思いをさせてしまって
いるのかもしれない…
みなさんには私のワガママに
付きあってもらって、
それでも応援してくれて、
本当に感謝しかありません。
でもね、私今とても幸せなんです。
少し立ち止まって、色々な事を
ゆっくりと考えられるようになって
仕事でもプライベートでも
とっても充実していて
すごく自分らしくいられています。
そんな自分らしい"今"を切り取った
この本が、みなさんにも寄り添える
1冊となっていますように…
これからもどうぞ、よろしくお願いします。

桐谷美玲

ル）靴／ヴェルメイユ パー イエナ 日本橋店（ネブローニ）

p.36　ピアス・リング／グリン ジャパン（グリン）ニット／ビームス ハウス 丸の内（エッフェ ビームス）

p.37　メガネ／モスコット トウキョウ（モスコット）ニット／スローン パンツ／アストラット 新宿店（アストラット）スカーフ／ルージュ・ヴィフ ラクレ ルミネ新宿店（マニプリ）靴／ジャンヴィト ロッシ ジャパン（ジャンヴィト ロッシ）

p.38　ニット／スローン デニム／ナゴンスタンス バッグ／ヴァジックジャパン（ヴァジック）ベルト／スタイリスト私物

p.39　コート／アストラット 新宿店（アストラット）ニット／スピック&スパン ルミネ有楽町店（オンリー ハーツ）帽子／カオス丸の内（ミュールバウアー）パンツ／ナゴンスタンス 靴／ジャンヴィト ロッシ ジャパン（ジャンヴィト ロッシ）

p.40　ブラウス／クルーズ（ELIN）スカート／ロンハーマン（ヴィカ ガジンスカヤ）ブーツ／シジェーム ギンザ（CLEGERIE）

p.41　ニット・レギンス／ショールーム セッション（アダワス）メガネ／ルックスオティカジャパン カスタマーサービス（プラダ）

p.42　ワンピース／アオイ（MSGM）

p.43　ジャケット／チンクワンタ スウェット／エイトン青山（エイトン）パンツ・靴／セオリー

p.44　時計／本人私物 ワンピース／ユリナ カワグチ

p.45　バッグ／J&M デヴィッドソン 青山店（J&M デヴィッドソン）ニット／ロンハーマン パンツ／エスケーパーズ（RACHEL COMEY）

p.46　スイムトップ・スイムショーツ／ナゴンスタンス バングル／ロペ エターナル アトレ恵比寿西館店（ローレン マヌーギアン）サングラス／アイヴァン PR（アイヴァン）

p.48　パーカ／アングローバル（イレーヴ）

p.49　パジャマセット・カーディガン／サザビーリーグ（ベアフット ドリームズ）

p.50　ワンピース・バッグ・靴／アオイ（MSGM）イヤカフ／UTS PR（ルフェール）

p.51　コート／ショウルーム ウノ（レジーナ ピョウ）靴／フラッパーズ（ネブローニ）

p.52~p.55　すべて本人私物

p.56　ニット／カオス丸の内（カオス）パンツ／シック（エボニー）バッグ／エーピー スト

ゥディオ グランフロント オオサカ（ルース モリス）靴／フラッパーズ（ネブローニ）

p.57　ブラウス・スカート／カオス丸の内（ユリナ カワグチ）

p.58~p.59　ドレス／ソフィーエトヴォイラトウキョウ（ソフィーエトヴォイラ）

p.60~p.61　ピアス／ショールーム セッション（マリア ブラック）ニット／スーパー エーマーケット（ジウジウ）パンツ／ルージュ・ヴィフ ラクレ ルミネ新宿店（ルージュ・ヴィフ）リング／本人私物

BEAUTY

p.63　トップス／フィルム（ダブルスタンダードクロージング）

p.66~p.67　ワンピース／クラネデザイン（クラネ）ピアス・リング／フレーク

p.68　ニット／アンテプリマジャパン ピアス／フレーク

p.69　ピンクブラウス／フィルム（ダブルスタンダードクロージング）ピアス・リング／アガット

p.72　ニット／フィルム（ソブ）ピアス／アガット

p.73　（上）ワンピース／アンスリード 青山店 ピアス／ステディ スタディ（トムウッド）（下）ニット／アンスリード 青山店 ピアス／トゥモローランド（ルーカス ジャック）

p.74　ニット／アンスリード 青山店 ピアス／アマン（アンセム フォー ザ センセズ）リング／deal.

p.76~p.77　トップス・ショートパンツ・レギンス・靴下・靴／アディダスグループ お客様窓口（アディダス バイ ステラ・マッカートニー）

p.78　キャミソール／エミリーウィーク ベアトップ／スタイリスト私物

p.79　パジャマシャツ・パンツ／エミリーウィーク

p.80~p.81　カットソー／アマン（アンスクリア）

PLACE

p.83　ショートパンツ／ナゴンスタンス スカーフ／フラッパーズ（マニプリ）タンクトップ／スタイリスト私物

FAVORITE

p.91　ブラウス／ソレイアード 自由が丘店

p.95　ジャケット／トゥモローランド（バッカ）ニット／デ・プレ ピアス／ステディ スタディ

（トムウッド）リング／deal.

p.97　スウェットトップス／フィルム（ダブルスタンダードクロージング）パンツ／トゥモローランド（マカフィー）イヤリング／deal.

p.98　靴／アディダスグループ お客様窓口（アディダス オリジナルス）Tシャツ・パンツ／スタイリスト私物

p.101~p.103　ニット・デニムパンツ／ボウルズ（ハイク）ピアス／フレーク 靴／アマン（ペリーコ）

p.104~p.105　カーディガン／デ・プレ ワンピース／トゥモローランド（マカフィー）

INTERVIEW

p.145~p.146

[美玲] ワンピース／コロネット（フォルテ フォルテ）ピアス・リング／ボウルズ（ハイク）

[ありさ] シャツ・パンツ／コロネット（フォルテ フォルテ）ピアス／デミルクス ビームス 新宿（モダンウィービング）リング／エイチ ビューティ&ユース（プリーク）

p.148~p.149

[美玲] Tシャツ／ラグ & ボーン 表参道（ラグ & ボーン）帽子／ユナイテッドアローズ 渋谷スクランブルスクエア店（クールファム）ピアス／エイチ ビューティ&ユース（プリーク）ネックレス／TASAKI

[ありさ] ニット／マヌーシュ 代官山（マヌーシュ）ネックレス・ピアス／TASAKI

p.152、p.155、p.157

ジャケット・パンツ／ボウルズ（ハイク）シャツ／ユナイテッドアローズ 青山 ウィメンズストア店（イウエン マトフ）ピアス・リング／TASAKI スカーフ／ジョン ローレンス サリバン 靴／ロジェ ヴィヴィエ

※掲載商品は現在は取り扱いがない場合がございます
※会社名・ショップ名・ブランド名は2019年10月現在のものです。変更になる場合がございますので、ご了承ください

SHOP LIST

あ
アイヴァン PR…☎03(6450)5300
アイヴァン 7285 トウキョウ…☎03(3409)7285
アオイ…☎03(3239)0341
アガット…☎0800-3003314
アクセーヌ…☎0120-120783
アストラット 新宿店…☎03(5366)6560
アディダスグループ お客様窓口…☎0570-033033
アマン…☎03(6805)0527
アマン(ベリーコ)…☎03(3409)5503
アングローバル…☎03(5467)7875
アンスリード 青山店…☎03(3409)5503
アンテプリマジャパン…☎0120-036962
&be…☎03(5643)3551
ヴァジックジャパン…☎03(6447)0357
ウィム ガゼット ルミネ新宿店…☎03(5909)7050
ヴェルメイユ パー イエナ 日本橋店…☎03(6262)3239
UTS PR…☎03(6427)1030
エイチ アイ ティー…☎011(802)8775
エイチ ビューティ&ユース…☎03(6438)5230
エイトン青山…☎03(6427)6335
エスケーパーズ…☎03(5464)9945
エストネーション…☎0120-503971
エービー スタジオ グランフロント オオサカ…☎06(6292)4515
エミリーウィーク[ベイクルーズ カスタマーサポート]…☎0120-301457
エンフォルド…☎03(6730)9191
オデット エ オディール 新宿店…☎03(5324)5080

か
花王(バブ)…☎0120-165696
カオス丸の内…☎03(6259)1394
クラネデザイン…☎03(5464)2191
グリン ジャパン…https://www.gren-m.com
クルーズ…☎03(6427)9231
コロネット…☎03(5216)6518

さ
THIRD MAGAZINE…☎03(5784)2588
サザビーリーグ…☎03(5412)1937
J&M デヴィッドソン 青山店…☎03(6427)1810
シジェーム ギンザ…☎03(6263)9866
シック…☎03(5464)9321
ジミー チュウ…☎0120-013700
ジャンヴィト ロッシ ジャパン…☎03(3403)5564
ショウルーム ウノ…☎03(5545)5875
ジョー マローン・ロンドン・お客様相談室…☎0570-003770
ショールーム セッション…☎03(5464)9975
ジョン ローレンス サリバン…☎03(5428)0068
ステディ スタディ…☎03(5469)7110
スーパー エー マーケット…☎03(3423)8428
スピック&スパン ルミネ有楽町店…☎03(5222)1744
スローン…☎03(6421)2603
セオリー…☎03(6865)0206
セルヴォーク…☎03(3261)2892
ソフィーエトヴォイラトウキョウ…☎03(3289)4122
ソレイアード 自由が丘店…☎03(3724)5032

た
TASAKI…☎0120-111446
チンクワンタ…☎050-52183859
deal.…deal.tokyostore@gmail.com
デ・プレ…☎0120-983533
デミルクス ビームス 新宿…☎03(5339)9070
トゥモローランド…☎0120-983511
ドゥ・ラ・メール・お客様相談室…☎0570-003770

な
ナゴンスタンス…☎03(6730)9191

は
ビームス ハウス 丸の内…☎03(5220)8686
ビュリー…☎0120-091803
フィルム…☎03(5413)4141
フラッパーズ…☎03(5456)6866
フレーク…☎03(5833)0013
ベイジュ…☎03(6434)0975
ボウルズ…☎03(3719)1239

ま
マヌーシュ 代官山…☎03(3476)2366
モスコット トウキョウ…☎03(6434)1070

や
ユナイテッドアローズ 青山 ウィメンズストア店…☎03(5468)2255
ユナイテッドアローズ 渋谷スクランブルスクエア店…☎03(5774)1030
ユリナ カワグチ…☎03(5424)3770

ら
ラグ & ボーン 表参道…☎03(6805)1630
ラ・ロッシュ・ポゼ…☎03(6911)8572
リ デザイン…☎03(6447)1264
ルージュ・ヴィフ ラクレ ルミネ新宿店…☎03(5908)2340
ルックスオティカジャパン カスタマーサービス…☎03(3514)2950
ロジェ ヴィヴィエ…☎0120-957940
ロペ エターナル アトレ恵比寿西館店…☎03(5708)5631
ロンハーマン…☎03(3402)6839

CREDIT

LOS ANGELES

p.2〜p.11 オールインワン／ナゴンスタンス バッグ(バンビエン)・靴(マルティニアノ)／ロペ エターナル アトレ恵比寿西館店 ピアス・バングル／エスケーパーズ(LIZZIE FORTUNATO)

p.12〜p.13 Tシャツ／THIRD MAGAZINE パンツ／ナゴンスタンス 靴／オデット エ オディール 新宿店(オデット エ オディール) サングラス／アイヴァン 7285 トウキョウ(アイヴァン 7285)

p.14〜p.19 中に着たスイムトップ／ナゴンスタンス ピアス／デミルクス ビームス 新宿(ローラ ロンバルディ) ワンピース・サンダル／スタイリスト私物

p.20〜p.21 カーディガン・スイムトップ・スイムショーツ／ナゴンスタンス 帽子／ロペ エターナル アトレ恵比寿西館店(クライド)

COVER、p.22〜p.25 ブラウス／ナゴンスタンス デニムパンツ／ショールーム セッション(サージ) 帽子／エストネーション(ジジ バリス ミリナリー)

p.26、p.28 タンクトップ／エンフォルド オールインワン／ナゴンスタンス 靴／ベイジュ(ピッピシック)

p.27 ドレス／ヴェルメイユ パー イエナ 日本橋店(マーク ルビアン)

FASHION

p.31 Tシャツ／エイトン青山(エイトン) シャツジャケット・パンツ／ウィム ガゼット ルミネ新宿店(ウィム ガゼット) ピアス(マリア ブラック)・バッグ(ヤーキ)／ショールーム セッション

p.32 スカート／リ デザイン(エズミ) ニット／クルーズ(ELIN) 靴／ジミー チュウ

p.33 靴／ジャンヴィト ロッシ ジャパン(ジャンヴィト ロッシ) トップス・スカート／クルーズ(ELIN) ピアス(シングル)／ショールーム セッション(マリア ブラック) バッグ／エイチ アイ ティー(ロウナー ロンドン)

p.34 デニムパンツ／アングローバル(イレーヴ) ニット／ショールーム セッション(サヤカ デイヴィス) イヤカフ／フラッパーズ(シンパシー オブ ソウル スタイル) 靴／ベイジュ(ピッピシック)

p.35 ジャケット・パンツ／ショールーム セッション(サヤカ デイヴィス) ニット／アストラット 新宿店(アストラット) イヤカフ／フラッパーズ(シンパシー オブ ソウル スタイ

MIREI KIRITANI

1989年12月16日生まれ、千葉県出身。2006年映画『春の居場所』でデビュー。同年、『セブンティーン』(集英社)の専属モデルとなり、不動の人気を確立。人気連載であった「美玲さんの生活。」は書籍化され現在もなお、ロングヒットを続けている。女優としても映画『ヒロイン失格』、ドラマ「好きな人がいること」など人気作品の主演を務める。また6年間、出演したニュース番組「NEWS ZERO」では、キャスターにも挑戦。現在はファッション誌『BAILA』(集英社)でカバーモデルを務めるなど、モデル業を中心に幅広く活躍中。

STAFF LIST

Photo	SAKI OMI⟨io⟩／cover、p.2〜p.29、p.31〜p.61、p.78〜p.79、p.83
	YUYA SHIMAHARA／p.63〜p.64、p.66〜p.74、p.76〜p.77、p.80〜p.81、p.91、p.95、p.97〜p.98、p.101〜p.105
	SHINSUKE SATO／p.65、p.75、p.92、p.94、p.96、p.100
	MASANORI AKAO⟨whiteSTOUT⟩／p.145〜p.149、p.152、p.155、p.157
Hair&make-up	KYOHEI SASAMOTO⟨ilumini.⟩／cover、p.2〜p.29、p.31〜p.61、p.78〜p.79、p.83
	paku☆chan⟨Three PEACE⟩／p.63〜p.64、p.66〜p.74、p.76〜p.77、p.80〜p.81、p.91、p.95、p.97〜p.98、p.101〜p.105
	AI INUKI⟨agee⟩／p.145〜p.149、p.152、p.155、p.157
Styling	KANAKO SATO／cover、p.2〜p.29、p.31〜p.61、p.78〜p.79、p.83
	MASAMI MATSUO／p.63〜p.64、p.66〜p.74、p.76〜p.77、p.80〜p.81、p.91、p.95、p.97〜p.98、p.101〜p.105
	KOZUE ANZAI⟨Coz inc.⟩／p.145〜p.149、p.152、p.155、p.157
Coordination	AYA MUTO(Los Angeles)
Interview	MIWA ISHII
Executive Producer	MAYUMI OKADA⟨SWEET POWER⟩
Artist management	KANAE YAMAKAWA⟨SWEET POWER⟩
	AIRI TODA⟨SWEET POWER⟩
Design	SHIHO SHIOURA
Edit	AKIE KURATA

桐谷美玲 フォト&スタイルブック

zukan
Mirei Kiritani

【発行日】	2019年12月18日　第1刷発行
【著者】	桐谷美玲
【発行人】	海老原美登里
【発行所】	株式会社集英社
	〒101-8050
	東京都千代田区一ツ橋2の5の10
	［編集部］03-3230-6096
	［読者係］03-3230-6080
	［販売部］03-3230-6393（書店専用）
【本文製版】	株式会社Beeworks
【表紙製版】	大日本印刷株式会社
【印刷・製本】	大日本印刷株式会社

定価はカバーに表示してあります。本書の一部あるいは全部を無断で複写・複製することは、法律で認められた場合を除き、著作権の侵害となります。また、業者など、読者本人以外による本書のデジタル化は、いかなる場合でもいっさい認められませんのでご注意ください。

造本には十分注意しておりますが、乱丁・落丁(本のページ順序の間違いや抜け落ち)の場合にはお取り替えいたします。購入された書店名を明記して、小社読者係宛にお送りください。送料は小社負担でお取り替えいたします。ただし、古書店で購入したものについてはお取り替えできません。

©Mirei Kiritani 2019 Printed in Japan　ISBN978-4-08-780887-2　C0076